特高压直流馈入弱受端系统稳定性分析及规划技术

汤吉鸿　谢欣涛　李勇　章德　朱思睿　禹海峰　著

U0331972

中国水利水电出版社
www.waterpub.com.cn
·北京·

内 容 提 要

我国已建立起世界上规模最大、线路最长的高压直流输电网络，大规模交直流互联使得现代电力系统愈发复杂。本书以贴近实际的具体项目为依托，介绍了交直流混联电网的基本知识与先进技术，包括交直流混联电网概述、特高压直流发展及分类、交直流混联电网高精准度仿真建模、交直流混联电网稳定性分析、典型复杂大规模交直流电网案例（建模及稳定性分析）、基于最优控制的多端直流最优功率调制、特高压直流最优落点规划、针对直流闭锁故障下FACTS装置选址规划、受端网架频率稳定性评估等内容，并依托实际案例对建模、规划、评估等进行了详细阐述。本书的成果涵盖交直流电力系统理论与应用等领域，具有较强的原创性和实用性，对于开展交直流混联电力系统研究及其在电力系统中的推广应用有借鉴价值。

图书在版编目（CIP）数据

特高压直流馈入弱受端系统稳定性分析及规划技术 / 汤吉鸿等著. -- 北京 : 中国水利水电出版社, 2022.4
ISBN 978-7-5226-0619-4

Ⅰ. ①特… Ⅱ. ①汤… Ⅲ. ①特高压输电—直流输电—电力系统稳定—研究 Ⅳ. ①TM726.1

中国版本图书馆CIP数据核字(2022)第063700号

策划编辑：周益丹　责任编辑：周益丹　加工编辑：刘瑜　封面设计：梁燕

书　　名	特高压直流馈入弱受端系统稳定性分析及规划技术 TEGAOYA ZHILIU KUIRU RUOSHOUDUAN XITONG WENDINGXING FENXI JI GUIHUA JISHU
作　　者	汤吉鸿　谢欣涛　李勇　章德　朱思睿　禹海峰　著
出版发行	中国水利水电出版社 （北京市海淀区玉渊潭南路1号D座　100038） 网址：www.waterpub.com.cn E-mail：mchannel@263.net（万水） sales@mwr.gov.cn 电话：（010）68545888（营销中心）、82562819（万水）
经　　售	北京科水图书销售有限公司 电话：（010）68545874、63202643 全国各地新华书店和相关出版物销售网点
排　　版	北京万水电子信息有限公司
印　　刷	三河市华晨印务有限公司
规　　格	170mm×240mm　16开本　12印张　182千字
版　　次	2022年4月第1版　2022年4月第1次印刷
定　　价	65.00元

凡购买我社图书，如有缺页、倒页、脱页的，本社营销中心负责调换

前　言

近年来，我国电力事业发展蒸蒸日上，能源资源优化配置能力不断增强，但我国能源资源总体分布呈现西多东少、北多南少的特征没有发生变化。当前，我国正处于经济快速增长的关键时期，煤炭资源开发正逐步西移、北移，水能资源开发移向西南，风能、太阳能主要分布在西北，而用电需求将长期集中在中东部地区。因此，能源大规模、长距离输送问题日益凸显，能源资源和用电负荷的不均衡分布已成为我国电力事业面临的一大难题。

基于上述能源资源与负荷中心呈现逆向分布的国情，特高压输电技术在我国有着广阔的发展应用空间。特高压输电技术可以满足更远距离、更高效率、更大规模的电力传输要求，可为顺利实施“西电东送、南北互济、大区联网”的战略方针，迎接电力系统的“大机组、高电压、大电网”时代的到来打下坚实的基础，并为我国的电网发展创造更大的可拓展空间。在这种形势下，特高压交流和特高压直流行业的发展势不可挡，我国今后电网骨干网架必定由特高压交流和特高压直流交织而成，即交直流混联电网将成为我国电网的重要发展方向。

特高压直流输电带来巨大效益的同时也带来了运行控制的复杂性，主要体现在特高压直流换流站抵抗换相失败能力弱、无功功率消耗大、交直流电网相互影响等。对受端交流系统而言，特高压直流输电系统相当于一个快速动态功率源，交流系统发生故障可能导致直流换流站换相失败，从而造成直流传输功率中断，严重时甚至导致交直流混联电网失稳。随着特高压直流输电在电力系统的快速应用，多个直流换流站所消耗的无功功率随传输有功功率的增加而增加，直流系统消耗无功功率在全电力系统所占的比例不断增长，当特高压直流输电为受端电网提供电力供应时，直流换流站所消耗的无功功率会占所传输有功功率的 40%～60%，这使得受端交流电网的暂态稳定问题变得日益严重，受端为弱交流系统时此问题更加突出。在多回特高压直流输电系统中，不同直流换流站之间、直流与交流之间交互影响，特高压直流受端系统暂态稳定成为困扰电力系统安全运行的重要问题，需要广大科研工作者深入研究。

作　者

2021 年 12 月

目　　录

第 1 章　交直流混联电网概述

1.1　交直流输电技术发展历程

1.1.1　交流输电技术发展历程

1882 年，美国人爱迪生在纽约用一台蒸汽机拖动直流发电机给半径约为 1.5km 区域的 59 个用户提供照明。同年，法国人德波列茨将直流电能输送到距发电机 57km 的慕尼黑，这是人类历史上最早的电力系统，也开创了输电的历史。

尽管早期直流系统得到了广泛应用，但后来它几乎完全被交流系统所取代。到 1886 年，直流系统的局限性明显暴露出来，即它只能将电能输送很短的距离。为了将输电损耗和电压降落限制在可接受的水平，长距离输电必须采用高电压。而这样的高电压是发电机和用户都不能接受的，因此必须采用适当的方法进行电压变换。

由高拉德和吉布开发的变压器和交流输电技术导致了交流系统的产生，西屋电气公司获得了该系统在美国开发的权利。1886 年，西屋电气公司的史丹利开发和试验了商用变压器和有 150 个电灯的配电系统。1889 年，北美第一条交流输电线路投入运行，这是一条电压 4000V、长 21km 的单相线路。

随着尼古拉•特斯拉开发了多相系统，交流系统变得越发具有吸引力[1]。1888 年，尼古拉•特斯拉持有交流电动机、发电机、变压器和输电系统等的多项专利，西屋电气公司则购买了这些早期发明的专利，这些发明奠定了当今交流电力系统的基础。

历史上，关于电力工业以直流还是交流作为标准曾展开了一场大的争论。20 世纪初，偏好交流系统的西屋电气公司战胜了主张直流系统的爱迪生，奠定了交流系统在电力系统中的主导地位。交流系统胜利的主要原因如下所述。

（1）交流系统的电压容易变换，因而提供了使用不同电压进行发电、输电和用电的灵活性。

（2）交流发电机比直流发电机简单得多。

（3）交流电动机便宜得多。

1893 年，北美第一条 2300V、长 12km 的三相线路在南加州投入运行，它奠定了交流系统和直流系统争论中交流系统获胜的基础。此后，电力系统的发展都是在三相交流系统上进行的。

日益增长的将更大功率向更远距离输送的需求促使了逐渐使用更高的电压。1908 年，美国建成了第一条 110kV 输电线路，1922 年将电压提高到 165kV，1923 年提高到 220kV，1935 年提高到 287kV，1953 年提高到 330kV，1965 年提高到 500kV。魁北克水电局的第一条 735kV 线路于 1966 年送电，美国的 765kV 线路于 1969 年投入运行。

在欧洲，瑞典于 1952 年建成 380kV 线路。苏联于 1952 年建成 330kV 线路，于 1956 年建成 400kV 线路，于 1967 年建成 750kV 线路。

1949 年以前，我国电力工业发展缓慢，电压等级繁多。1949 年以后，我国电力工业发展迅速，并逐渐形成了经济合理的电压等级系列。1952 年，我国自行建设了 110kV 输电线路，逐渐形成京津唐 110kV 电网；1954 年有了 220kV 线路，形成东北 220kV 骨干网架；1972 年建成 330kV、全长 534km 的刘家峡—关中输电线路，并逐渐形成西北 330kV 骨干网架；1981 年建成 500kV、全长 595km 的姚孟－武昌输电线路，并逐渐形成华中 500kV 骨干网架。

在特高压输电方面，苏联于 1985 年建成了第一条 1150kV、长达 2362km 的线路，日本也于 1996 年建成 1000kV、427km 的线路。目前，国外特高压输电工程的应用处于停滞状态，已建成的线路均降压至 500kV 运行。一些经济增长较快的国家（如印度、巴西、南非等）也在积极研究特高压输电技术。我国于 1986 年就开展了特高压研究工作，并在武汉高压研究所建成 200m 长特高压试验线路，研制了特高压试验变压器，开展了相关的试验研究工作。

充分挖掘三相线路的排列结构和导线分裂根数，苏联学者于 1980 年提出紧凑型输电的思想。40 多年来，紧凑型输电技术得到了迅速发展并取得一些应用成果。在紧凑型输电线路的应用上，俄罗斯处于前列。1994 年 9 月，我国第一条 220kV 安廊紧凑型线路建成投运，第一条 500kV 昌房紧凑型输电线路也于 1999 年 11 月 18 日投入运行。

虽然多相系统早在 1888 年由特斯拉提出，但多年来三相系统的主导地位和迅猛发展，使人们忽视了多相输电。1972 年，美国学者巴伦斯和巴索德在国际大电网会议上首次提出多相输电的概念。在美国科学基金的资助下，美国阿利根尼电力服务公司与西弗吉尼亚大学合作，于 1976 年开始对多相输电技术进行详细研究，结果表明，作为现行三相输电系统的另一选择，多相输电是具有实用前景的。1983 年，美国能源部资助建设的一路六相输电试验性线路建成。1990 年，纽约电力电气公司资助建设了从高迪到奥克戴尔的 93kV 六相输电示范性线路，它是世界上首条投入商业化运行的多相输电线路。

在多相输电的基础上，我国学者提出了四相输电的概念，并进行了一些初步的理论研究。三相变四相的思想是受到三相变两相电气化铁路牵引供电系统的启发，只要在三相变两相平衡变压器的基础上作进一步推广，便可以得到四相输电系统。四相输电系统是最接近于三相输电系统的多相系统，也是最小可能的偶数相输电系统。它既具有多相输电方式的优点，又克服了其缺点。

柔性交流输电（Flexible AC Transmission Systems，FACTS）的概念最初由美国学者亨高罗尼提出，约形成于 20 世纪 80 年代末。鉴于 FACTS 的广阔发展前景及它对未来输电技术发展、电力建设和运行可能产生的重大影响，美国、日本、巴西，以及德国、瑞典、意大利、英国等欧洲一些发达国家已投入大量的资金和人力对此进行研究和开发，包括对现行电网的评估、硬件设备开发及 FACTS 装置在各电力公司的协调配置等，并已取得了许多可喜成果。

静止同步补偿器（Static Synchronous Compensator，STATCOM）又称静止无功发生器（Static Var Generator，SVG），最早由日本关西电力公司与三菱电机公司于 1980 年研制成功，它采用了晶闸管强制换相的电压型逆变器，容量为 20Mvar；

1986 年 10 月，由美国电力科学研究院（Electric Power Research Institute，EPRI）和西屋电气公司研制的±1MvarSTATCOM 投入运行，这是世界上首台采用大功率门极可关断晶闸管（Gate-Turn-Off Thyristor，GTO）作为逆变器元件的静止补偿器；1991 年，日本关西电力公司与三菱电机公司又采用 GTO 研制了±80Mvar STATCOM，并在犬山变电站投运，维持了 154kV 系统长距离送电线路中间点电压的恒定；1996 年 10 月，美国 EPRI 与田纳西电力局、西屋电气公司合作，在田纳西河流域管理局电力系统的 500kV 变电站投运了±100Mvar STATCOM。

1991 年 12 月，美国电力公司与 ABB 公司合作在弗吉尼亚卡拉瓦河的 345kV 线路上装设了容量为 788Mvar 的晶闸管控制的串联补偿器（TCSC），它是世界上第一台也是当时容量最大的 TCSC。由美国 EPRI、邦纳维尔电力局以及波特兰通用电气公司合作完成的 500kV、202Mvar TCSC 工程，于 1992 年开始安装，1993 年 9 月正式投运，并于 1994 年 12 月投入商业化运行。此外，巴西、澳大利亚等国也先后使用了 TCSC。

美国电力公司与西屋电气公司以及美国 EPRI 合作，研制的世界上最早的统一潮流控制器（Unified Power Flow Controller，UPFC），安装于肯塔基州东部的伊内兹变电站，由共享直流侧电压的两个基于大功率 GTO 电压型逆变器组成，容量各为±160MV·A，整个 UPFC 的容量为±320MV·A。该装置中的串联部分为静止同步串联补偿器（Static Synchronous Series Compensator，SSSC），也是世界上在电力输电线路上安装的第一台同类型装置。该装置并联部分 STATCOM 已于 1997 年 7 月完成，串联部分 SSSC 于 1998 年 6 月投入运行。STATCOM 和 SSSC 一般作为一个整体，也就是 UPFC。

从总体上说，FACTS 在我国的发展要滞后于发达国家。我国对静止无功补偿技术的研究与应用始于 20 世纪 70 年代末，至今已积累了较多静止无功补偿器（Static Var Compensator，SVC）的运行经验，其制造技术也已相当成熟。1999 年 3 月，我国研制的±20Mvar STATCOM 在河南洛阳的朝阳变电站并网运行。2003 年 6 月 30 日，我国第一个 TCSC 工程正式在南方电网公司的天生桥一平果 500kV 输电线路投运，设备由西门子公司提供，其串补装置加装在 500kV 天平一和天平二回线平果侧，每回线额定补偿度为40%，其中固定部分补偿度为35%，可控部分补偿度为5%。2004年12月24日，甘肃省陇南地区碧（碧口）成（成县）线220kV TCSC工程竣工，一次投入运行，开创了国产化可控串补装置成功应用的先河。

1.1.2 直流输电技术发展历程

特高压直流输电技术经历了汞弧阀、晶闸管、绝缘栅双极型晶体管（Insulated Gate Bipolar Transistor，IGBT）与模块化多电平换流器（Modular Multilevel Converter，MMC）几个阶段的发展。

随着汞弧阀换流器在20世纪50年代的发展，高压直流（High Voltage Direct Current，HVDC）输电在某些情况下体现了比交流输电更好的经济性。第一个现代商用的HVDC工程于1954年在瑞典建成，它通过54km的海底电缆将瑞典本土和格特兰岛连接起来。汞弧阀发展的巅峰是1970年的美国太平洋联络线±400kV、1440MW的工程。

晶闸管阀的出现使得HVDC电压等级不断提高，长距离输电损耗进一步降低，这样HVDC输电在大容量远距离情况下更具吸引力。第一个采用晶闸管阀的HVDC工程是1972年加拿大的伊尔河背靠背工程，它实现了魁北克和新布伦瑞克之间的非同步电网互联[2]。随着换流设备价格的降低、尺寸的缩小和可靠性的提高，HVDC输电的应用稳步增长，直流输电电压等级不断提高。由于晶闸管是耐压水平高、输出容量大的电力电子器件，基于晶闸管的HVDC依然是目前最为经济的长距离、大容量直流输电方式，也是至今唯一可以用于±800kV电压等级以上特高压的直流输电方式。

20世纪90年代以后，具有关断能力的IGBT首先在工业驱动装置上得到应用。1997年，世界上第一个用IGBT构成电压源换流器的±10kV直流输电工业性试验工程在瑞典投入运行，其输送功率为3MW，输送距离为10km，这种轻型直流输电系统在小型直流输电工程中具有很大的竞争力。但由于IGBT单个元件的功率小、损耗大，且价格远高于晶闸管，因此不利于在大型直流输电工程中采用。

但其通流能力大、损耗低、体积小，并且还具有自关断能力，使得其在直流输电工程中有很好的应用前景。为了解决直流输电多电源供电、多落点受电问题，早在 20 世纪 60 年代中期就有学者提出了柔性直流输电和多端直流输电的概念。但直到 IGBT 与 MMC 的应用才使得柔性 HVDC 得到了发展。南澳大利亚±160kV 三端直流输电工程是世界上第一条运用多端 MMC 网络的 HVDC 工程。

我国从 20 世纪 80 年代末开始应用 HVDC。宁波一舟山±100kV 直流输电工程是我国首个 HVDC 工程，其传输距离为 54km、容量为 100MW，于 1989 年投入使用；葛洲坝一南桥±500kV 直流输电工程是我国第一个远距离大容量的直流输电工程，其传输距离为 1045km、容量为 1200MW，于 1990 年投入使用。

虽然我国对于 HVDC 的应用起步较晚，但发展很快。截至 2020 年，我国已建成的±800kV 电压等级及以上 HVDC 输电工程项目如表 1-1 所列。此外，我国目前在建的±800kV 以上 HVDC 工程包括雅中一江西的±800kV 工程、白鹤滩一江苏±800kV 工程和陕北一湖北±800kV 工程。

表 1-1 我国已建成的±800kV 电压等级及以上 HVDC 输电工程

工程名称	电压等级/kV	额定容量/MW	输送距离/km	投运年份/年
云南一广州（楚穗直流）	±800	5000	1438	2010
向家坝一上海（复奉直流）	±800	6400	1907	2010
锦屏一苏南（锦苏直流）	±800	7200	2059	2012
糯扎渡一广东（普侨直流）	±800	5000	1413	2013
哈密南一郑州（天中直流）	±800	8000	2192	2014
溪洛渡一浙江（宾金直流）	±800	8000	1680	2014
宁夏一浙江（灵绍直流）	±800	8000	1720	2016
酒泉一湖南（祁韶直流）	±800	8000	2383	2017
晋北一南京（雁淮直流）	±800	8000	1119	2017
锡盟一泰州（锡泰直流）	±800	10000	1620	2017
扎鲁特一青州（鲁固直流）	±800	10000	1234	2017
昌吉一古泉（吉泉直流）	±1100	12000	3319	2018
上海庙一临沂（昭沂直流）	±800	10000	1238	2019
青海一河南	±800	8000	1587	2020

在已建成的HVDC工程中，向家坝－上海直流输电工程首次应用6英寸晶闸管全套设备，锦屏－苏南直流输电工程输电距离首次突破2000km，溪洛渡－浙江直流输电工程首次单回输电8000MW，锡盟－泰州直流输电工程首次将输电能力提升到10000MW，哈密南－郑州直流输电工程是我国首个大型火电、风电基地电力集中送出的特高压直流输电工程，晋北－南京直流输电工程全面采用中国自主研发的特高压直流输电技术和装备。

我国昌吉－古泉直流输电工程首次采用±1100kV 直流输电电压等级且输电线路达到 3300km 以上，也是世界上电压等级最高、输送容量最大、输电距离最远、技术水平最高的特高压输电工程之一。

此外，我国建设的舟山五端±200kV 工程是世界上端数最多的柔性直流输电工程；张北四端±500kV 直流输电系统构建了世界首个柔性直流电网，其输送容量达4500MW，是世界上电压等级最高、输送容量最大的多段柔性直流输电工程之一；鲁西±500kV 背靠背混合直流输电工程容量达3000MW，是目前世界上首次采用大容量柔直与常规直流组合模式的背靠背直流工程。

目前我国HVDC的总输送容量已超12万MW，总输送距离超过25000km，无论是建设规模还是技术水平，均已处于世界领先地位。

1.2 交直流互联现状与发展趋势

我国已成为世界上建成和在建直流工程最多的国家，开展交直流系统相互影响研究具有重要意义。高压直流输电（HVDC）具有不存在功角稳定问题、可实现功率快速调节和运行可靠等优点，利于应用在远距离大容量输电和电网互联[3]。我国一次能源与负荷呈逆向分布，为满足清洁能源送出、负荷中心电力供应、节能减排等方面的迫切需求，国家电网大力发展适合远距离、大容量输电的特高压交、直流技术。当前，我国已实现全部电网通过交直流互联（混联）。2016年底，特高压运行规模已达到“六交五直”，是世界上唯一同时运行特高压交、直流的电网，特高压交直流混联、电力大规模跨区输送已成为国家电网典型特征。

随着特高压交直流混联电网的初步形成，电网大范围优化配置资源能力显著提升。2015年，复奉、锦苏、宾金三大特高压直流全年共外送四川水电99.9TW·h，占四川水电发电量的36%。与此同时，电网一体化特征不断加强，电网送受端、交直流之间耦合日趋紧密，电网运行呈现许多新特点。

伴随特高压交直流快速发展，特别是特高压直流输电规模的阶跃式提升，电网运行特性发生了深刻变化，“强直弱交”矛盾突出，电网安全面临新的挑战：交直流、送受端之间耦合日趋紧密，故障对电网运行的影响由局部转为全局；电网频率调节能力下降，频率稳定问题逐渐突出；受端电网电压调节能力弱化，电压稳定问题逐渐突出；电网稳定范畴进一步拓展，电力电子化特征凸显[5]。

为保障特高压交直流混联电网安全运行，充分发挥特高压远距离、大容量输电能力，保障资源大范围优化配置，我国从加强主网架结构、提升交直流仿真技术、修订稳定计算标准、完善运行控制策略等方面积极采取了对策。

特高压运行实践表明：交流电网规模必须与直流容量相匹配，才能承受大容量直流闭锁带来的频率冲击；交流网架强度必须达到一定水平，才能承受直流故障扰动带来的巨大功率冲击。相对于直流的大容量输送，交流电网发展滞后，现有交流电网规模和强度不足以支撑直流大规模运行，大电网运行风险始终存在。解决“强直弱交”问题的关键在于强化交流电网建设，使之与直流容量、规模相匹配。当前，国家电网正积极构建坚强的东、西部同步电网，实现电网全面优化升级，服务国家清洁能源发展战略，具体措施如下所述。

（1）加强一次调频分析与管理，完善机组一次调频性能在线监测手段，核查机组一次调频投入、响应情况，强化一次调频评价考核，对于不满足要求的机组尽快整改。加强抽蓄电站布局和应用研究，解决特高压直流馈入事故备用问题，满足清洁能源大规模开发和受电地区调峰要求，提高清洁能源消纳水平。

（2）正在建设的新一代仿真平台包括数模混合仿真和数字混合仿真两大部分。在现有机电-电磁混合仿真基础上，扩大电磁暂态仿真规模，采用实际控保装置模拟直流控制保护行为，采用超级计算技术提升仿真效率，并实现FACTS、柔性直流等电力电子装置建模验证，为特高压电网的安全运行提供了有力支撑。

（3）借助直流微电网发展和柔性直流技术，交直流混合配电网将成为智能配电网的重要发展方向。交直流混合配电网可更好地接纳分布式电源和直流负荷，可缓解城市电网站点走廊有限与负荷密度高的矛盾，同时在负荷中心提供动态无功支持，可提高系统安全稳定水平并降低损耗，有效提升城市配电系统的电能质量、可靠性与运行效率[6]。

随着后续特高压直流工程的相继投产，跨区送电规模还将进一步扩大，控制措施也日趋复杂，交直流电网复杂程度和脆弱性都在不断增加，系统安全风险在较长一段时期内仍将持续存在，对大电网运行与控制中出现的各类新问题、新现象，还需不断开展深入研究，在特高压运行控制领域不断实现技术创新。

1.3 交直流混联电网仿真模型及仿真工具

交直流混联电网仿真模型及工具是现代电力系统规划设计和调度运行的基础，仿真分析技术的更新迭代与电力系统发展进程息息相关。本节将对交直流混联电网仿真建模理论及仿真工具进行介绍。

1.3.1 交直流混联电网仿真模型

建模是仿真的基础，模型精度决定了仿真计算的准确度。交直流混联电网仿真建模方法的研究以理论分析为主，模型实测作为其重要补充，是指导建模、进行模型校验及修正的主要手段。建立丰富、精确、模块化和标准化的各类元件模型是现代电力系统仿真建模的主要目标。根据所关注时间尺度的不同，可以对电力系统仿真模型进行不同程度的等值和简化，从而衍生出一系列暂态分析建模方法，主要包括机电暂态仿真建模、详细电磁暂态仿真建模、平均化建模、频率相关等值建模、动态相量建模、移频分析建模等。

其中，详细电磁暂态仿真建模和移频分析建模是无损建模方法，优点是精度高、能处理非线性动态过程；机电暂态仿真建模、动态相量建模、平均化建模、频率相关等值建模是有损建模方法，优点是支持较大仿真步长、仿真效率更高、能实现大规模电网的快速仿真。不同时间尺度混合仿真技术则结合了上述两种建模方法的优点，在交直流混联电网中对所关注的局部电网或动态设备进行详细电磁暂态建模，其余部分则保留机电暂态模型，提高了仿真精度，同时保证了仿真效率。

机电暂态仿真建模主要用于研究传统交流电网暂态稳定问题，在建模中针对交流系统做了一定的等值和简化。由于忽略了电网的非基波分量，机电暂态仿真模型对不对称故障、直流故障（如换相失败）等特性的模拟有一定局限性。随着电网中新能源、FACTS 装置和直流的不断接入，纯机电暂态仿真模型已经很难满足新型交直流混联电网高精准度仿真的需求。

详细电磁暂态仿真建模不受时间尺度的限制，可以模拟从数微秒到数毫秒之间的电磁暂态过程，因此能较为准确地仿真电力设备在谐波、不对称故障等情况下的暂态响应特性，并且能够与实际控保装置连接实现实时仿真。受模型与算法限制，电磁暂态仿真模型精准度高而计算量大，因此仿真规模一般较小，适用于研究局部电网或设备的详细动态过程。

1.3.2 交直流混联电网仿真工具

目前，主流的电力系统仿真工具均采用机电暂态仿真或详细电磁暂态仿真或两种仿真建模理论相结合的建模方法。在机电暂态仿真工具方面，主流软件主要包括 PSD-BPA、PSASP、PSS/E 等；在详细电磁暂态仿真工具方面，主流软件主要包括 EMTP/E、PSCAD/EMTDC 等；在机电-电磁混合仿真工具方面，主流软件主要包括 ADPSS、PSD-PSMODEL 等。

机电暂态仿真技术成熟、仿真规模大、计算速度快，目前已能实现数万节点规模电网的快速仿真，在交直流混联大电网的规划和运行分析中均得到了广泛应用。电力系统分析软件工具（PSD-BPA）和电力系统分析综合程序（PSASP）的开发工作最早开始于 1973 年，经过长期研究并紧密结合我国电网工程实际应用与电力系统理论计算两方面的自主研发成果，现已形成具有我国自主知识产权、功能强大、使用方便、高度集成和开放的系列仿真软件产品，其中包含共计三十余个计算模块。

详细电磁暂态仿真方法主要分状态空间分析方法和节点分析方法两大类。状态空间分析方法方面，主流仿真工具为MATLAB/Simulink工具箱；节点分析方法方面，自1962年H.W.Dommel博士开发了世界上首个电力系统电磁暂态仿真程序EMTP（Electromagnetic Transients Program）后，经过不断完善，美国邦纳维尔电力局于1982年在其基础上开发了通用版本的EMTP程序，此后不断开发出来的各类基于节点分析框架的仿真工具被统称为EMTP类软件。

机电-电磁暂态混合仿真技术作为一种仿真精度和仿真效率的折中方法，能在大电网仿真中对局部动态的详细电磁暂态过程进行仿真分析，在交直流混联大电网的新场景中得到了越来越多的关注和应用。目前，国内主流的机电-电磁混合仿真程序主要包括中国电力科学研究院有限公司开发的PSD-PSMODEL、ADPSS和南方电网科学研究院有限公司开发的基于RTDS仿真系统的SMRT混合实时仿真平台。

1.4 交直流混联电网安全稳定评估

多回直流馈入特高压交流电网在带来巨大效益的同时，使得电网结构更加复杂，并带来以下一系列问题：单个交流故障或直流故障有可能引发多回直流相继出现换相失败，严重时甚至会导致直流闭锁；直流一旦出现换相失败，在功率恢复过程中需要交流系统提供大量的无功功率，以保证足够的换相电压；多馈入直流系统还会使受端电网结构更加密集，加重受端的潮流和短路电流水平[7,8]。特高压直流输电系统对受端交流系统而言相当于一个快速动态功率源，交流系统发生故障可能导致直流换流站换相失败，从而造成直流传输功率中断，严重时甚至导致交直流混联电网失稳。基于电网换相换流器的直流输电系统对于受端交流系统总表现为不利的无功负荷特性，在为受端交流系统提供电力的同时，需要消耗的无功功率约为直流传输功率的40%～60%。随着特高压技术的广泛应用，国内外对于多馈入直流输电系统的规划、运行特性、可靠性、落点选择、参数整定以及交流电网最大受入直流功率等方面进行了广泛研究。不同直流换流站之间、直流与交流之间交互影响，特高压直流受端系统暂态稳定也是困扰电力系统安全运行的重要问题，需要广大科研工作者深入研究[9]。

目前，华北－华中电网通过晋东南－南阳－荆门特高压实现同步联网，而华中－华东电网通过直流异步联网，初步形成华中电网、华北电网和华东电网互联的三华电网[10]。跨区、跨流域的交直流多直流互联电网，在提升输电能力和提供更灵活的运行方式的同时，也带来了很多新的技术层面问题：多变的系统结构和运行方式使得交直流系统相互影响的特性复杂化，加剧了连锁事故发生的风险；交直流相互影响的机理与多直流相互影响的机理有待探讨，电网安全灵活和可控的运行控制要求对交直流协调、多直流协调及其控制的应用需求与日俱增[11]；直流线路逆变站附近发生交流三相短路故障并快速切除线路时，直流一般会由于逆变站电压过低而发生换相失败；当受端电网有多条直流线路馈入且电气距离接近时，三相短路故障一旦发生，多条直流可能同时发生换相失败，造成受端电网崩溃，引起非常严重的事故[12]；若直流线路发生闭锁故障，直流线路功率会转移到并联的交流线路传输通道，引起广泛的潮流转移；电网受送端之间的发电机功角会发生严重摇摆，同时交流联络线功率也会发生强烈振荡，因此引发暂态功角问题[13]。直流紧急功率调制功能可以有效抑制交直流系统暂态失稳，充分利用直流线路短时过载能力以维持暂态稳定，同时可以有效抑制交直流系统低频振荡，与发电机 PSS 配合，可取得更好的低频振荡抑制效果[14]。

1.5 交直流混联电网规划设计

1.5.1 交直流混合配电网规划设计

交直流混合配电网的优化规划问题是配电网结构设计阶段需要解决的核心问题，对交直流混合配电网安全、可靠、经济地运行具有重要意义。目前，直流配电技术相关研究尚处于起步阶段，规划设计相关研究主要集中在电压等级、网架结构、综合评价等方面。GB/T 156－2017 和 IEC 60038-2009 中对直流电压等级的规定较为一致，明确了直流牵引系统直流电压等级主要有 0.75kV、1.5kV 和 3kV；行业标准 YD 5210－2014 中规定，240V 为中国通信行业标准电压等级；IEEE Std 1709－2018 中规定，船舶用直流电压等级有 15kV 和±0.75kV；GB/T 20234.3－2015 中规定，电动汽车直流充电接口额定电压为 750V。T/CEC 107－2016 和 GB/T 35727－2017 中明确了直流配电的电压等级和传输容量，规定了中低压直流配电应遵循的电压等级和电压偏差。

目前，有关中压直流配电网典型结构的研究尚处于起步阶段，中压直流配电网的典型网络架构包括辐射型拓扑结构、两端型拓扑结构或环型拓扑结构[15]。辐射型（或树型）拓扑结构是配电网中最基本的拓扑结构，每个负载只能通过一条路径从电源处获得电能。辐射型结构简单，是电网发展初期或者过渡期的一种供电方式。两端型拓扑结构也称“手拉手”结构，通过两路电源可同时为负荷供电，可以闭环运行，也可以一路供电，另一路作为热备用，系统可靠性较高，且可实现不同交流分区间的潮流控制。环型拓扑结构一般含有多条直流线路和直流母线，方便分布式电源和储能设备接入任意直流母线。环状直流电网有多路电源，有效提高了配网的供电可靠性，但其缺点是系统投资较大，保护配置复杂。

随着能源互联网技术的不断发展，各类分布式电源、多元化负荷接入对配电网造成的压力不断增加，交直流配电系统凭借其技术优势可适用多类场景，针对不同类型应用场景中的电源和负荷的分布特性进行分析，结合辐射型、两端型、环型等不同典型直流配电网架结构在源荷接入、可靠性等方面的差异，提出交直流混合配电网典型拓扑结构，并结合应用场景需求明确其主要接线形式，也是交直流混合配电技术发展的一项重要内容。综合分析最大负荷需求、负荷同时性、投资运行经济性、智能化和配用互动等因素，研究直流配电系统中换流站、直流变压器、直流断路器、通信、保护、监测等一二次设备配置方法也是当前亟待解决的关键性问题。考虑不同典型应用场景特点，研究电压序列、拓扑结构、设施设备、电源接入及用户接入等交直流混合配电典型单元模块，通过对上述模块的优化组合最终形成交直流混合配电网典型供电模式，对于推广交直流混合配电技术规范化应用具有重要意义。

另外，交直流混合配电网典型设计方案需在典型性与覆盖面的广泛性之间找到平衡点，因此要考虑设计的模块化，即不同的模块可以组合成多样化的、满足各种应用场景的交直流混合配电网设计方案，简化交直流混合配电网工程的设计和管理。在设计方面需要开展的关键技术研究包括：在分析直流混合配电设施运行特点与功能定位的基础上，提出适应多元化电源、负荷等设施接入的交直流混合配电系统的典型设施功能与参数指标体系；开展交直流混合配电网关键设施的设计技术原则与方法研究；明确关键设施的典型电气接线，一二次设备典型配置、参数和功能要求；提出关键设施典型设计模块和方案设计的基本远景及方法；明确直流配电网关键设施及多元化电源、负荷接口典型设计方案。

1.5.2 交直流混合微电网规划设计

目前，交流微电网并没有严格固定的电压等级相关标准。所以，分布式电源容量是目前部分微电网工程圈定电压等级的主要判断标准，主要有以下几点：如果电源的总容量在 0.2MW 及以下，那么并网电压就要处在 0.4kV 水平；如果电源的总容量在 0.2～8MW 之间，那么并网电压就要处在 10kV 水平；并网电压处于 35kV 时，电源总容量在 8～30MW 之间；并网电压处于 110kV 水平时，电源总容量则需要在 30MW 及以上。目前，在国内电力企业中，微电网还处于发展研究阶段，因此还需要进一步加强相关研究。国外较为典型的直流微电网所应用的电压等级可以用来参考与借鉴。DC 48V 为全球众多国家通信系统的统一电源标准，日本相关研究团队对直流微电网的各种情况及数据进行了相关实验，主要是经配变 6.6kV/200V，通过双向变流器可转换成 DC 48V。目前，220V 是我国使用的唯一单相电压有效值，而 390V 则为我国的三相电压有效值，220～400V 则是直流母线的电压范围，380V 是得到了国际相关标准认可的电压。这项标准确定的根据来自美国数据中心的直流配电，而且进行了严密的可行性研究，符合我国居民直流供电系统。

一般来说，系统的性能、相应保护方案的配置都会受到微电网接地方式的影响，且影响程度很大[16]。笔者认为，更合适的方法是，通过变压器将交直流混合微电网分别转换成交、直流。不同的接地方式存在着不同的、相对应的优点和缺点。在进行具体接地模式选择时，微电网需要考虑所连低压配电网接地方式，同时还需根据特定微电网的特征及要求进行选择。对于微电网而言，我国交流低压配电系统中多运用的接地方式主要考虑用电的安全问题。但是，在外馈线的问题上却不需要这方面的考虑。因此，其用电、配电的安全性以及经济性是当前需要研究和考虑的主要因素，所以，更加合理的接地方式为交流子微电网的接地方式。有关仿真结果表明，对微电网不同的运行模式——孤岛和并网，TN-C-S系统更加适合微电网的接地方式[17]。究其原因，主要在于微电网接地方式的故障电流非常大，能够有效、及时地启动相应的过电流保护装置。同时，IT与TT两种方式的故障电流比较小，在实际使用过程中，很难迅速地启动过电流保护装置。此外，一般情况下，TNC-S系统中设备接触的电压大都比较低，所以能够充分保证低压用户的用电安全。

常规情况下，微电网根据其网络拓扑结构的不同，主要可以分为分负荷的类型、微电网并网接口以及布式电源等[18]。另外，微电网的关键问题在于解决电压稳定性、潮流控制能力以及解列时负荷分配及稳定性上的相关问题。因此，通过规范科学的微电网拓扑结构调整，一定程度上可以有效提高将微电网接入中低压配电网的灵活程度与可靠程度。通常，大多数交流微电网的网架结构具有相似性，都是运用辐射型拓扑结构。储能装置、DG等被连接到交流母线中时，一般也都是通过电力电子装置。开关控制则是通过公共连接点进行的。这样，就实现了微电网并网运行和孤岛运行两种模式之间的有效转换。

直流微电网的拓扑结构有3种，分别是双端供电式、单端供电式和环网供电式。单端供电式结构较多地被运用于负荷较低的场所；双端供电式则一般运用在飞机供电系统、船舶电力系统与电力牵引供电系统等要求有较高负荷供电可靠性的场所；而环网供电结构的系统，相较而言，其前期投资很大，具有供电范围广、可靠性高等诸多优势，但这种系统也存在着诸多缺点，如系统控制难度大、网络结构复杂、故障识别以及保护配合难度相对较大等。交直流混合微电网网络拓扑是在交直流混合微电网母线结构基础上设计的。对电源、接地保护和负荷等相关装置的接入进行设计时，一般会按照交、直流子微电网的拓扑设计进行。这种设计理念，不仅包含直流母线，交流母线也涵盖其中，能够通过相关设备向直流负荷供电，且能够直接向交流负荷供电。微电网在具体因素影响下可通过交流侧并入大电网，主要由以下因素决定：并网要求、微电网接入系统的基本要求、继电保护、电能质量、微网解列、电压调节、并网监测、功率控制、电能计量以及通信。

参考文献

[1] ALLERHAND A. A Contrarian History of Early Electric Power Distribution [Scanning Our Past][J]. Proceedings of the IEEE, 2017. 105(4): 768-778.

[2] BILODEAU H, et al. Making Old New Again: HVdc and FACTS in the Northeastern United States and Canada[J]. IEEE Power and Energy Magazine, 2016, 14(2): 42-56.

[3] 赵国梁，吴涛．HVDC 技术的发展应用情况综述[J]．华北电力技术，2006，000（008）：28-31.

[4] 戴熙杰．直流输电基础[M]．北京：水利电力出版社，1990.

[5] 李明节．大规模特高压交直流混联电网特性分析与运行控制[J]．电网技术，2016，40（389）：10-16.

[6] 李霞林，郭力，王成山，等．直流微电网关键技术研究综述[J]．中国电机工程学报，2016，36（1）：2-16.

[7] 徐箭，张华坤，孙涛，等．多馈入直流系统的特高压直流接入方式优选方法[J]．电力自动化设备，2015，35（06）：58-63.

[8] 郭利娜，刘天琪，李兴源．抑制多馈入直流输电系统后续换相失败措施研究[J]．电力自动化设备，2013，33（11）：95-99.

[9] 付蓉，周振凯，汤奕，等．特高压直流分层接入方式下换流母线电压的稳定性[J]．高电压技术，2017，43（12）：4103-4111.

[10] 齐以涛，彭慧敏，杨莹，等．三华电网特高压交直流输电系统交互影响及控制策略[J]．中国电力，2014，47（7）：51-56．

[11] 彭慧敏，李峰，丁茂生，等．交直流电力系统安全稳定及协调控制的评述[J]．电力系统及其自动化学报，2016，28（9）：74-81．

[12] 王智冬，李隽．多回特高压直流输电集中落点稳定性研究[J]．现代电力，2008（01）：13-18．

[13] 齐旭，曾德文，史大军，等．特高压直流输电对系统安全稳定影响研究[J]．电网技术，2006，30（2）：1-6．

[14] CONDREN J, GEDRA T W. Expected-Security-Cost Optimal Power Flow With Small-Signal Stability Constraints[J]. IEEE Transactions on Power Systems, 2006, 21(4): 1736-1743.

[15] 盛万兴，李蕊，李跃，等．直流配电电压等级序列与典型网络架构初探[J]．中国电机工程学报，2016，36（13）：3391–3403．

[16] 卢文华，姚伟，罗吉，等．微电网接地方式比较研究[J]．电力系统保护与控制，2012，40（19）：103-109．

[17] 周金辉，葛晓慧．直流微电网供电模式研究初探[J]．浙江电力，2013，（4）：6-9．

[18] 黄文焘，邰能灵，范春菊，等．微电网结构特性分析与设计[J]．电力系统保护与控制，2012，（18）：149-155．

第 2 章　特高压直流发展及分类

高压直流具有输送容量大、输电损耗低、输送距离远等优点，符合我国跨区域输电的国情。HVDC 有多类型的换流技术以及并网技术，不同技术类型的选择对传输容量、传输效率、建设成本有较大影响。本章对 HVDC 现有技术进行回顾与总结。

2.1　直流输电系统分类

根据换流技术的不同，双端直流输电系统分为 3 种：基于电网换相换流器的高压直流（Line Commutated Converter based High Voltage Direct Current，LCC-HVDC）输电系统；基于电压源换流器的高压直流（Voltage Sourced Converter based High Voltage Direct Current，VSC-HVDC）输电系统；结合 LCC 和 VSC 的混合高压直流（Hybrid HVDC）输电系统。

2.1.1　LCC-HVDC

LCC-HVDC 输电技术的发展始于 20 世纪 50 年代。顾名思义，LCC 转换器基于交流电网的参数进行操作。它们的开关频率与线路频率（以中国为例，50Hz）相匹配。栅极控制信号根据晶闸管触发角（理想情况下，整流器模式为 0～90°，逆变器模式为 90°～180°）来指导其工作模式（即整流器/逆变器模式）及进行电能质量调节。由于晶闸管只能接通，不能断开，交流电压会使晶闸管发生反向偏置并停止传导，因此 LCC 中的晶闸管取决于电网交流侧用于换流的功率。在晶闸管正向偏置后，导通时的延时决定了相位角延迟（触发角）。晶闸管的相位角延迟实现了交流波的相位角控制。同时，由于晶闸管的工作取决于线路频率电压，因此在停电情况下不会使用它们来重启连接到其端子的停电交流系统[1]。

LCC 使用晶闸管作为开关装置。多个晶闸管串联成三相整流器的单支线路，即构成了所谓的“阀”。LCC 有两种典型的架构：6 脉冲桥和 12 脉冲桥。典型的 LCC 换流站晶闸管桥结构如图 2-1 所示。6 脉冲桥 LCC 使用 6 个晶闸管阀，每个相位使用两个阀来传导正负电压波形。LCC 的谐波响应能力较差，为了弥补这一缺陷，将两个 6 脉冲桥串联形成 12 脉冲桥。LCC 换流站的典型功率损耗范围为 0.6%～0.8%。

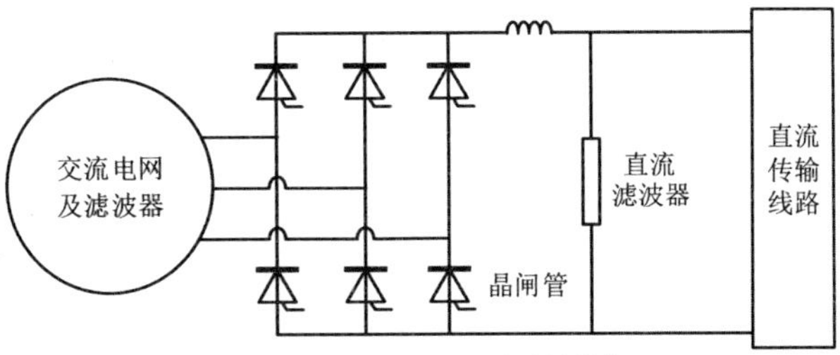

（a）LCC 6脉冲桥结构

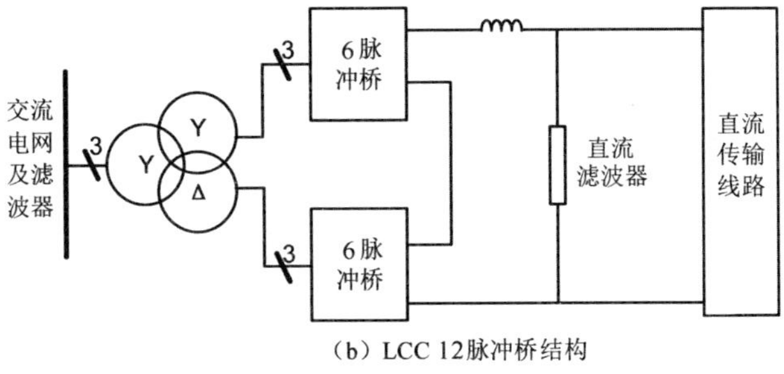

（b）LCC 12脉冲桥结构

图 2-1　LCC 晶闸管桥结构

LCC 被归类为电流源转换器（Current Source Convertor，CSC）。功率潮流的反向需要逆转两个换流站处的直流电压极性（在逆变器/整流器模式），这种变换会造成传输线路之间的应力，从而可能导致某些线路损坏。但一般而言，大功率 LCC 是将电能从远端发电汇集端传输到负荷中心，因此不会存在 HVDC 线路上的潮流反向。但将电能从具有较高惯量和短路水平的发电区域连接到低惯量的接收负荷中心，受端 LCC 站的交流弱电网如果无法提供换相电流，则可能导致换向失败等严重问题。目前，对于 LCC-HVDC 连接交流电网强度的常用评价指标为短路比（Short Circuit Ratio，SCR），即公共耦合点（Point of Common Coupling，PCC）处的网络三相短路故障水平与 HVDC 的额定直流功率之比。IEEE Std 1204-1997 将 $SCR<3$ 的交流电网分类为弱电网。

LCC 换流器在应用过程中面临的另外一个主要问题是无功缺失。由于电流波形相对于换向电压存在固有延迟，因此换流器需要消耗输送功率 40%～50%的无功功率。尤其对于受端弱电网而言，无功交流补偿设备和补偿措施对于保障系统安全而言是非常必要的。

LCC-HVDC 的主要优势是电压等级高、输送容量大、输电损耗低、输送距离远、电网间无需同步运行等。±800kV 特高压直流输送距离可达 2000km 以上，输电能力可达 8000MW，而±1100kV 特高压直流输送距离可达 3000km 以上，输电能力可达 11000MW，可以大幅度提高输电经济性。尽管 LCC-HVDC 技术存在着一些不足，但其仍然主导着陆上高压直流输电主流市场，也是符合我国国情的风电跨区域长距离输送的必然选择。

2.1.2 VSC-HVDC

随着电力电子器件产业的飞速发展，采用绝缘栅双极性晶体管（Insulated Gate Bipolar Transistor，IGBT）构成电压源换流器来进行直流输电的技术逐渐发展成熟。1997 年，首个使用 VSC 技术的直流输电工程——Hällsjön Grängesberg 实验性工程投入运行，实现了 VSC-HVDC 输电技术的工程化应用。进入 21 世纪以来，VSC-HVDC 输电技术在世界范围内呈迅速发展的趋势，各种新型换流器拓扑结构、调制方式不断涌现。

VSC 自动换相且不依赖于线路电压，其依靠外部控制电压信号进行换相。VSC 站中的功率潮流的反向基于直流电流，而其电压极性保持恒定，与 LCC 相比，它的反向速度更快，可靠性更高。因此，VSC 在以下方面具有优势。

（1）利用先进的开关技术（如脉冲宽度调制）将主要失真频率分量移离基频，

从而显著降低谐波滤波器的尺寸要求；同时，与 LCC 相比可以显著减少无功设备的需求。

（2）绕过交流网络故障，为主机交流网络提供故障后的黑启动，这使转换器可以在停电的情况下启动额定交流网络电压的恢复。

（3）独立控制有功和无功消耗/发电，从而支持交流电网的电能质量，换流站甚至可以在直流传输线中断期间充当独立的 STATCOM，或者在传输有功直流电时提供无功功率支持。

VSC 有几种不同的类型。常用的是两电平、三电平以及模块化多电平型换流器（Modular Multilevel Converters，MMC）。VSC 的电压电平通常在 150～320kV 范围内，但一些电压电平可高达 500kV。两电平 VSC 具有 6 个 IGBT，每个 IGBT 具有与其并联的反向二极管。每个阀包括多个串联的 IGBT/二极管组件。使用脉冲宽度调制控制 IGBT，以帮助形成波形。典型的两电平 VSC 换流站结构如图 2-2 所示。

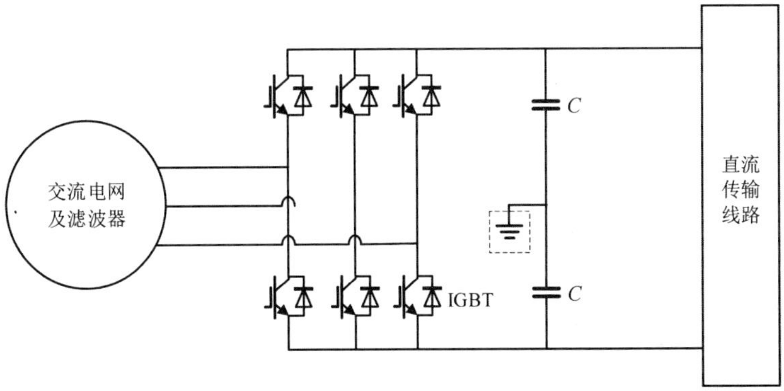

图 2-2　典型的两电平 VSC 换流站结构

MMC 与另两种换流器不同，其工作依赖于用等效的 IGBT/电容器子模块代替开关系列半导体串，其中每一个模块都代表了特定的电压电平。MMC 中的换流器模块是半桥式或全桥式换流器。子模块的使用不仅可以提高转换器站的容错性，还可以提供具有更高可扩展性/灵活性因子的增强的运行质量。子模块数量的增加允许 MMC 忽略谐波，从而减少对谐波滤波的需要。通过有效地将大型的直流母线电容器分配到嵌入子模块的较小单元中，实现 VSC 拓扑。定性地，MMC-VSC 的优势可以概括为模块化和可扩展性强、高效、低谐波影响。

当前，VSC-HVDC 站的损耗根据所采用的拓扑结构而有所不同，典型值为每换流站低于 1%（具体取决于拓扑和开关频率），并有望在未来进一步降低至接近 LCC 换流站的损耗水平。VSC 站的物理占用空间较小，与同容量的 LCC 站相比，其占用空间降低了 50%以上。总体而言，目前 VSC-HVDC 在建设成本、运行经验及可靠性、换流站损耗方面仍不占优势。但在线路长度为 50～100km 的海上风电场电能输送场景中，考虑到海洋换流站及线路建设成本及建设要求，VSC-HVDC 仍得到了广泛应用。

2.1.3 Hybrid HVDC

为了结合 LCC-HVDC 和 VSC-HVDC 各自的优势，近年来有学者对 LCC-VSC 混合型（Hybrid）HVDC 系统（简称混合型 HVDC）进行了大量研究。混合型 HVDC 的主要目的是同时利用两种换流器技术的优势，如在分散的发电站连接 LCC 换流站以充分利用其低成本和高容量的优势，同时在接收端连接单个或多个 VSC 站以利用其支撑弱电网的能力并克服潜在的换向失败风险。在这样的混合系统中，通常不需要双向的功率流，LCC 大多以整流器模式工作，而 VSC 作为逆变器工作。与常规的 MMC 直流输电系统不同，混合型 HVDC 在逆变站直流出口处可配置大功率二极管阀组，从而能够清除直流线路故障；同时，由于 MMC 具有自换相能力，适用于非同步发电机组的功率送出，因此可利用 LCC 低损耗及低成本的优势将直流功率馈入交流电网。

混合型 HVDC 作为一种较新的 HVDC 技术，目前，研究与仿真较多，而实际项目较少。我国有多条混合型 HVDC 在规划建设之中。由于其独特的技术特点，在一些直流输电场景下甚至比传统直流及柔性直流技术更为优越，结合造价成本较低的优势，其应用前景非常广阔。

2.2 LCC与VSC换流站比较

2.2.1 主要指标对比

尽管 VSC 的当前市场份额大大落后于 LCC，但随着技术的发展以及海上风电场的开发，预期 VSC 的份额将进一步增加。在回顾了 HVDC 转换器技术的主要特征之后，将 LCC 和 VSC 的主要技术指标进行对比，结果见表 2-1。

表 2-1 LCC 换流站与 VSC 换流站的主要技术指标对比结果

技术指标	换流站类型	
	LCC	VSC
开关装置	晶闸管（1970 年至今）	IGBT（1990 年至今）
换向（频率范围）	基频（50Hz）	kHz 级
站点功率损耗	0.6%～0.8%	<1%
潮流反向机制	电压极性反转（缓慢，导致更大的电流应力）	电流方向反转（快速，增加了可靠性）
网络强度依赖性	高（弱电网需要无功补偿）	相对独立
无功需求	高（输送功率 40%～50%）	无（能反过来提供无功支撑）
无功/滤波设备成本	高	低
占地空间	大	较 LCC 小 50%
故障处理（AC 侧）	较低（取决于基频）	较高（无功支撑/可黑启动）
故障处理（DC 侧）	较高（直流电抗器）	较低（高 dI/dt 速率）
谐波等级	高	较低
全球市场	70%	30%
容量/电压（项目最高值）	12000MW/±1100kV	2000MW/±500kV
容量/电压（平均值）	2000MW/±400kV	580MW/±220kV
主要应用场景	陆地高容量、长距离传输	海洋、电缆传输
MTDC 适应性	有限	高
换流站建设成本	较低	较高

2.2.2 建设成本比较

根据英国 2015 年提供的输电数据集，LCC 与 VSC 换流站建设成本与容量关系如图 2-3 所示。换流站的成本是可变的且取决于项目规模，但图中数据展示了基于统计数据的趋势描述。在不考虑线路建设及附加设施的情况下，VSC 换流站在应用于低容量 HVDC 项目时有较好的成本优势；但随着 HVDC 建设容量的上升，VSC 的建设成本显著上升。而基于 LCC 的成熟技术，在高容量 HVDC 项目中有较好的成本优势，并且容量越高，相较于 VSC 的价格优势越明显。VSC 成本急剧上升可由中等的最大可用 IGBT 电压/电流额定值来解释。高压 IGBT 模块电压范围一般为 1.7～6.5kV，ABB 公司的最高耐电流能力的 IGBT 模块的电压为 4500V/3kA。相比之下，晶闸管的额定值更高，每个晶闸管额定电压为 1.6～8.5kV，额定电流为 0.35～6.1kA，且晶闸管成本更低。

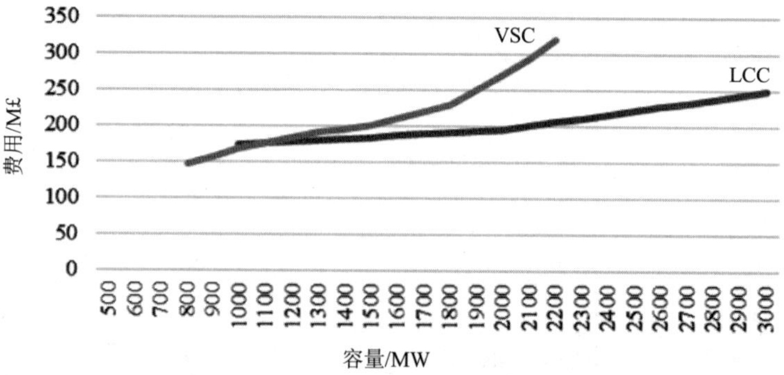

图 2-3 LCC 换流站与 VSC 换流站建设成本对比（英国 2015 年）

2.2.3 多端直流系统适应性

多端直流（Multi-Terminal Direct Current，MTDC）电网是指 HVDC 输电线路经多个换流站馈入受端电网。MTDC 适用于受端电网存在多个分散负荷中心的情况，不需要受端建有特高压交流变电站，能够实现将直流功率分别直接输送至受端电网的多个负荷中心，填补多个分散区域电力缺口。

由于其恒定的直流电压行为和控制优势，VSC 技术更适合 MTDC 电网拓扑结构的实施。而基于电流源的 LCC 在多端直流电网中适用性有限，因为在任何连接的换流站上反转功率潮流方向都需要反转所有其他连接的换流站的电压极性。因此，LCC 在 MTDC 实施中的作用主要在于促进将大型发电场集成到基于 VSC 的 MTDC 电网中。

2.3 换流站接入交流电网的方式

HVDC 网络拓扑及接入方式的选择主要受所需的可靠性、容量、成本以及政策法规的影响。换流站接入电网的方式主要分为单换流站接入、多端直流接入、分级接入。

2.3.1 单换流站接入

换流站接入受端电网时，其主要接入方式包括单层接入和分层接入。二者的主要区别在于接入位置电压等级的不同。

（1）单层接入。单层接入方式的基本结构如图 2-4 所示，该接入方式中，逆变侧高、低压阀组直接接入 1000kV/500kV 换流母线上，其中交流滤波器和无功补偿装置经小组开关直接接入 1000kV/500kV 交流母线。这种逆变侧接入同一换流母线的结构叫作特高压直流单层接入方式。单层接入方式适用于受端电网尚没有特高压交流变电站，直接接入单一电压等级的交流电网的情况。

单层接入方式的优点是将直流电力直接投放到负荷中心，提高了输电效率，降低了系统损耗。其缺点是对受端电网消纳能力要求很高，至少需要 2～4 个不同送电方向，500kV 送出线路 6～10 回；对受端电网网架强度和无功支撑能力要求较高，直流电力失去后，事故影响较大，受端电网安全稳定问题，尤其是电压稳定问题突出，需要本地机组留有足够的旋转备用和快速的无功支撑能力。传统的并联无功补偿装置在电压跌落时输出的无功功率将急剧减少，需要在系统中配置一定容量的动态无功补偿装置（如 SVG）或者同步调相机，来防止电压瞬时跌落。

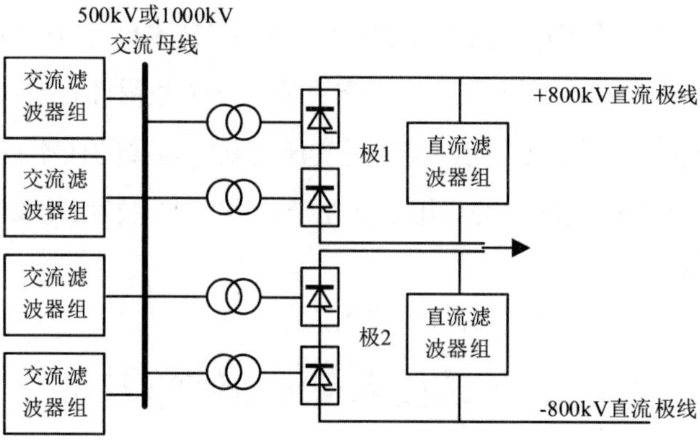

图 2-4 单层接入方式结构

（2）分层接入。分层接入方式的结构如图 2-5 所示。逆变侧低压阀组接入 500kV 交流母线，高压阀组接入 1000kV 交流母线。两换流母线需要分别配置相应的交流滤波器组，并且独立地控制各自的交流电压和无功功率。由于逆变侧接入了不同的电压等级，因此接入不同电压等级的换流变压器的参数也不同[2]。

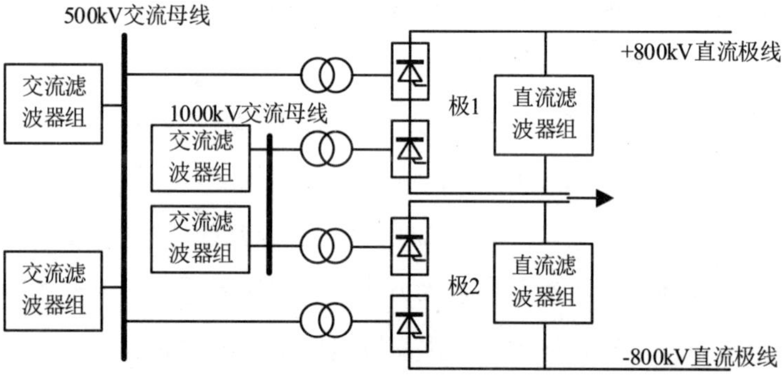

图 2-5 分层接入方式结构

特高压直流分层接入方式可以等效为一个特殊的两馈入系统。直流额定输送容量最高可达 11000MV·A。通过两电压等级接入交流系统可相应地降低交流系统的短路电流，同时换流变压器直接接入 1000kV，降低了换流变压器的绝缘强度和工程造价。500kV 和 1000kV 交流母线分别接收直流总功率的 1/2。

分层接入方式适用于受端电网已有特高压交流变电站的情况，可实现特高压直流功率输送的优化，解决了单层接入500kV电网时局部潮流偏重的问题，引导潮流合理分布。

分层接入方式的优点是可以利用特高压交流电网，方便直流电力在更大范围内的配置，不需本地电网留有大量旋转备用，直流电力一旦失去，可以利用特高压交流联网的优势，弱化故障影响，使系统从整体上具有更大的抗扰动能力和电压支撑能力；可以充分发挥特高压交流电网系统阻抗相对较小的优势，进一步降低电网运行损耗，经济效益更加明显。

分层接入方式的缺点是受端换流站的结构、运行特性和控制保护系统比较复杂；受端电网必须发展特高压交流电网，否则无法实现直流的分层接入；由于受端电网同时存在特高压交直流电网，因此系统的短路电流水平更高，未来需要研究1000kV/500kV电磁环网如何解环，以解决短路电流过高问题。

2.3.2 多端直流接入

当HVDC可以通过一个以上换流站接入受端电网时，属于多换流站接入方式。多端直流为典型的多换流站接入，其各受端换流站的额定功率可以根据受端电网需要事先进行分配。

根据受端多个换流站之间的接线方式，MTDC可细分为并联多端接入、串联多端接入方式。并联多端接入方式的各个换流站电压相同，串联多端接入方式的各个换流站电流相同，通常采用并联多端接入方式。对于MTDC的每一个受端换流站，根据受端电网电压等级可以选择单层或多层的接入方式。

MTDC的优点在于当直流有严重故障时，对系统冲击较小，各个换流站的站用电系统、控制保护系统等分站进行布置，降低了发生双极闭锁的概率，提高了供电的可靠性；每个受端接入规模较小，不同特高压工程换流站之间距离可以更近，便于相互紧急支援。MTDC的缺点在于多端接入需要统一协调控制多个换流站，控制保护系统更加复杂；几个换流站之间的运行方式排列组合比较多，调整运行方式繁杂；在换流站增多的情况下，工程整体投资较单层接入和分层接入方式更高。

2.3.3 分级接入

分极接入方式被提出以解决分层接入方式下当电压等级的逆变站发生换相失败时，造成非故障电压等级的逆变站也同时发生换相失败的问题。分极接入是指HVDC系统的正极和负极输电线路，通过不同的换流母线将功率输送至不同区域的两个受端交流系统，一般每个极的功率为直流总功率的1/2。

分极接入方式适用于单一负荷中心的受端电网，也同样适用于受端电网存在多个分散负荷中心的情况。根据实际负荷分布，分级接入的两个电极可建在同一个换流站内，也可以建在不同的换流站内。各受端换流站根据受端电网电压等级可以选择单层或多层的接入方式。

分极接入的优点和多端直流接入方式类似，可实现一条特高压直流向多个分散的负荷中心送电，系统损耗小，直流故障时对受端系统影响小。另外，在受端两个极的换流站电气距离较大的情况下，分极接入方式可以使直流换相失败时的极间故障隔离，某一极发生换相失败时，该极电压会迅速下降并不能传输功率，而另一极受到很小影响并能迅速恢复正常运行状态，具有良好的故障恢复特性，能保证系统功率的稳定传输。

分极接入的缺点是，单极停运时，健全极需要通过大地构成电流回路，这样接地极电流就会上升为极电流，接地极电流过大；双极功率不平衡时，流过接地极的电流也偏大，需要通过研究给出措施以控制接地极的电流在可接受的水平内；受端两个极的换流站造价高，工程整体投资较单层接入和分层接入方式高。

2.4 输电线路的选择

HVDC输电线路主要分为架空导线以及地下电缆两种方式。根据彭博新能源财经数据，全球2016年已建成的134个HVDC项目中，51.5%为架空导线方式，平均长度为1023km，平均容量与电压等级为3430MW/530kV；25.4%为海底电缆，平均长度为240km，平均容量与电压等级为710MW/310kV；4.5%为地下电缆，平均长度为143km，平均容量与电压等级为980MW/250kV；剩余18.5%为混合输电方式。

迄今为止，基于地下电缆的HVDC线路可实现最大容量的项目是西苏格兰和北威尔士之间2200MW/600kV LCC-HVDC线路，最长的基于地下电缆的项目是通过海底电缆将北欧国家电网连接起来的HVDC网架，在2020年建成的Nord线路与Viking线路分别为623km与770km。显然，地下电缆输电方式在线路长度、电压等级、传输容量上距架空导线方式都有不小的差距。

由于架空导线线路最大传输容量和电压较高，建设成本远低于地下电缆，且能够跨越复杂地形，因此HVDC架空导线已广泛应用于我国陆上HVDC建设。另一方面，地下电缆主要用于海上风电场的HVDC并网，以及欧洲（尤其是北欧）各国之间跨海电网建设。

参考文献

[1] HEYWOOD R J, EMSLEY A M，ALI M. Degradation of Cellulosic Insulation in Power Transformers. Part 1: Factors Affecting the Measurement of the Average Viscometric Degree of Polymerisation of New and Aged Electrical Papers [J]. IEE Proceedings: Science Measurement and Technology, 2000, 147(2):86-90.

[2] 李少华，王秀丽，张望，等．特高压直流分层接入交流电网方式下直流控制系统设计[J]．中国电机工程学报，2015，35（10）：2409-2416.

[3] 郭龙，刘崇茹，负飞龙．1100 kV 直流系统分层接入方式下的功率协调控制[J]．电力系统自动化，2015，39（11）：24-30.

[4] 汤奕，陈斌，皮景创，等．特高压直流分层接入方式下受端交流系统接纳能力分析[J]．中国电机工程学报，2016，36（7）：1790-1800.

[5] JIANG W, WU G N, WANG H L. Calculation of DC Ground Current Distribution by UHVDC Mono-polar Operation with Ground Return [C].2008

IEEE PES Transmission and Distribution Conference and Ex-position, Chicago. USA:2008:1-5.

[6] 刘振亚．特高压交直流电网[M]．北京：中国电力出版社，2013．

[7] 刘振亚，秦晓辉，赵良，等．特高压直流分层接入在多馈入直流电网的应用研究[J]．中国电机工程学报，2013（10）：1-7．

[8] 刘心旸，李亚男，邹欣，等．换流母线分段运行对 100kV 特高压直流输电工程的影响[J]．高电压技术，2016，42（3）：942-948．

[9] 王放，韩民晓，姚蜀军，等．特高压直流分极接入运行特性分析[J]．电力建设，2016（10）：54-60．

[10] 杜旭，韩民晓，田春筝，等．1100kV 特高压多端馈入直流系统协调控制[J]．电工技术学报，2016（S1）：177-183．

[11] 徐箭，张华坤，孙涛，等．多馈入直流系统的特高压直流接入方式优选方法[J]．电力自动化设备，2015（6）：58-63．

第 3 章　交直流混联电网高精准度仿真建模

为保障多回特高压直流的安全接入，保障交直流混联电网安全、可靠用电，需深入研究多回特高压直流馈入新格局下交直流混联电网的安全稳定特性。为准确刻画多回特高压直流之间及其与交流主网的交互作用机理，传统基于机电暂态仿真的动态安全分析（Dynamic Security Analysis，DSA）工具已经难以满足交直流混联电网的分析需求，需构建高精准度机电-电磁混合仿真模型。由于高精准度的混合仿真模型对多回直流进行了详细电磁暂态建模，因此采用该模型能够对特高压直流暂态运行特性进行更为准确和全面的分析，总结提炼出的多回特高压直流馈入系统交直流作用机理更符合工程实际。本章对交直流混联电网高精准度仿真建模方法进行详细介绍。

3.1　电力系统元件高精准度仿真建模技术

电力系统电磁暂态仿真和机电暂态仿真这两种类型的仿真在数学模型和仿真时间范围、积分步长等方面都存在着很大差异。其主要差异如下所述。

电磁暂态仿真通常描述过程持续时间在纳秒、微秒、毫秒级的系统快速暂态特性，计算步长一般为 20～200μs，典型计算步长为 50μs。机电暂态仿真通常描述过程持续时间在几秒到几十秒的系统暂态稳定特性，典型计算步长为 10ms。可以看出，电磁暂态与机电暂态仿真的典型计算步长最大相差 200 倍。

电磁暂态计算采用 ABC 三相瞬时值表示，可以描述系统三相不对称、波形畸变以及高次谐波叠加等特性；机电暂态计算基于工频正弦波假设条件，将系统由三相网络经过线性变换转换为相互解耦的正、负、零序网络分别计算，系统变量采用基波向量表示，因此只能反映系统工频特性及低频振荡等特性[1]。

电磁暂态计算元件模型采用网络中广泛存在的电容、电感等元件构成的微分方程或偏微分方程进行描述；机电暂态计算元件模型采用相量方程进行线性表示。相对于电磁暂态模型，机电暂态模型根据仿真条件作了一定程度的简化。

如上所述，电力系统机电暂态过程和电磁暂态过程是两个用不同数学模型表征、具有不同时间常数的物理过程，在仿真原理和方法上存在较大差异。为了将大规模复杂电力系统的机电暂态仿真和局部系统的电磁暂态仿真集成在一个进程中，需要采用接口技术，通过仿真过程中机电暂态网络的计算信息和电磁暂态网络的计算信息的随时交换，来实现大规模电力系统的电磁暂态和机电暂态混合仿真[2]。

由于机电暂态仿真和电磁暂态仿真在模型处理、积分步长、计算模式上的不同，建立接口时首先面临的问题就是如何设计接口方式，以使在本侧网络计算中充分考虑对侧网络信息，从而保证仿真准确性。该问题包含以下两个方面。

（1）在电磁暂态（机电暂态）网络仿真中，如何表示与其相连的机电暂态（电磁暂态）网络。

（2）接口时序如何设计。根据所研究问题的不同，接口设计可以采用不同的处理方法，但基本思路都是将对方系统进行等值。在混合仿真时，整个网络分为两大部分：机电暂态网络和电磁暂态网络。

在对电磁暂态网络进行仿真时，接入机电暂态网络的戴维南等值电路如图 3-1（a）所示；在对机电暂态网络进行仿真时，接入电磁暂态网络的诺顿等值电路如图 3-1（b）所示。由于机电暂态网络为三序相量网络，而电磁暂态网络为三相瞬时值网络，因此还需要进行序-相变换，瞬时量-相量变换[3]。

这种等值电路对于网络为有源或无源情况都是适宜的。与此相反，在进行次同步振荡等问题研究时，由于电磁暂态网络包含发电机，无论采用电磁暂态网络等值为时变负荷（恒阻抗负荷，或恒阻抗、恒功率、恒电流等相配比），还是采用电磁暂态网络等值为时变电流源，都不能准确地描述该电磁暂态网络的特性。

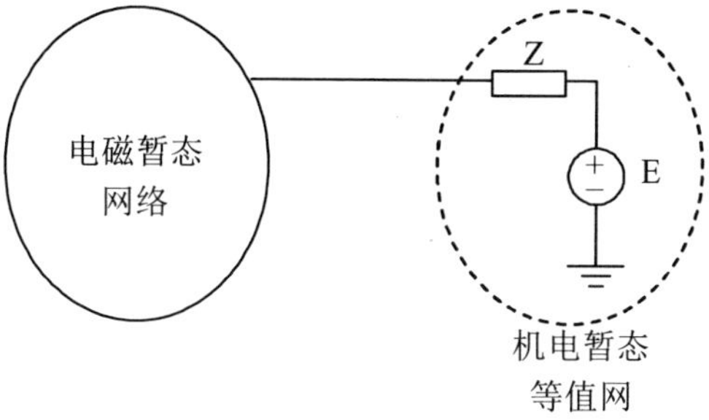

（a）电磁暂态仿真中机电暂态网络等值电路

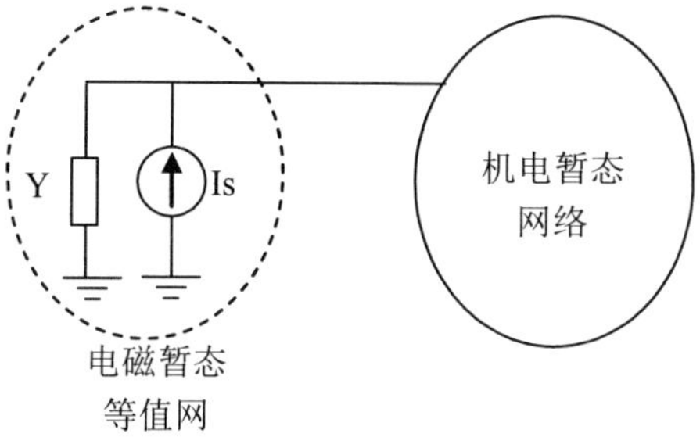

（b）机电暂态仿真中电磁暂态网络等值电路

图 3-1　机电-电磁暂态混合仿真接口示意图

由于机电暂态网络计算的步长大，而电磁暂态网络计算的步长小，因此机电暂态网络和电磁暂态网络之间的数据交换是以机电暂态步长为单位进行的[4]。机电暂态网络和电磁暂态网络的数据交换可采用如图 3-2 所示的时序（以机电暂态网络计算步长 *DTP*=0.01s，电磁暂态网络计算步长 *DTE*=0.001s 为例）。

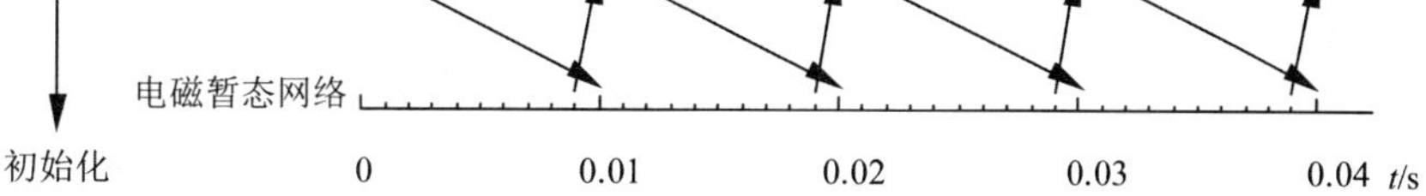

图 3-2　机电暂态网络和电磁暂态网络数据交换时序（并行计算）

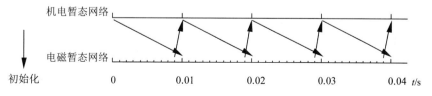

机电暂态网络和电磁暂态网络在每个机电暂态网络积分时段，即分别在 t=0.01s、t=0.02s、t=0.03s、t=0.04s 时交换一次数据。具体过程如下：首先程序进行初始化，初始化过程中机电暂态网络向电磁暂态网络发送一次数据；初始化完成之后机电暂态网络暂不进行计算，电磁暂态网络采用初始的等值电势进行计算，在 t=0.01s 时两网络交换数据，其中电磁暂态网络接收的是机电暂态网络在 t=0s 时刻的值，机电暂态网络接收的是电磁暂态网络在 t=0.009s 时刻的值；数据交换完成后两网络分别开始进行 t=0.01s 时刻的计算，以此类推，在 $t=N\cdot DTP$ 时刻两网络交换数据，其中电磁暂态网络接收的是机电暂态网络在 $t\text{-}DTP$ 时刻的值，机电暂态网络接收的是电磁暂态网络在 $t\text{-}DTE$ 时刻的值。

上述为机电暂态网络和电磁暂态网络并行计算数据交换时序，当然，在对计算时间要求不严的情况下，也可采用如图 3-3 所示的串行计算数据交换时序。具体过程如下所述。

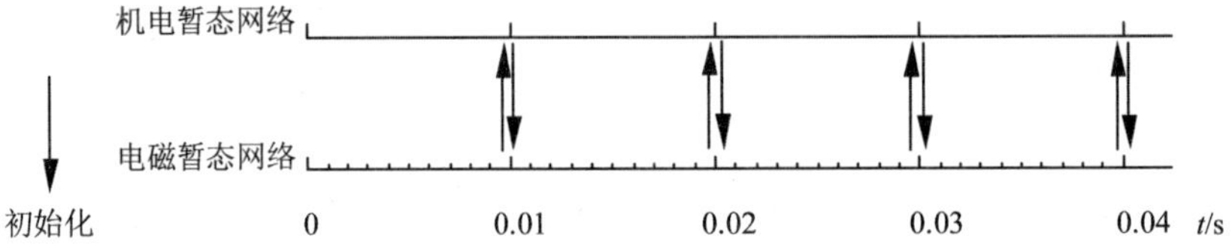

图 3-3 机电暂态网络和电磁暂态网络数据交换时序（串行计算）

机电暂态网络和电磁暂态网络仍然在每个机电暂态网络积分时段，即分别在 t=0.01s、t=0.02s、t=0.03s、t=0.04s 时交换一次数据。具体过程如下：首先程序进行初始化，初始化过程中机电暂态网络向电磁暂态网络传递一次数据；初始化完成之后机电暂态网络暂不进行计算，电磁暂态网络采用初始的等值电势进行计算，在 t=0.01s 时电磁暂态网络向机电暂态网络传递数据，随后机电暂态网络进行 t=0.01s 时刻的计算，此时电磁暂态网络暂停计算，机电暂态网络计算完毕后将 t=0.01s 时刻的值传递给电磁暂态网络，随后电磁暂态网络进行 t=0.011～0.02s 时刻的计算，此时机电暂态网络暂停计算，在 t=0.02s 时开始下一周期的过程。

3.2 基于 PS-MODEL 的机电-电磁暂态混合仿真技术

电磁暂态仿真软件（Power System Model，PS-MODEL）是中国电力科学研究院有限公司独立研制的具有全部自主知识产权的电力系统电磁暂态及电力电子数字仿真软件，可以跨平台运行在 Unix、Linux 以及 Windows 等操作系统。PS-MODEL 可以进行电力系统时域方面的电磁暂态仿真，主要用于交直流系统的混合仿真，现阶段能够模拟的元件及情形主要如下。

（1）集中电阻、电感、电容。

（2）时变电阻、电感、电容。

（3）滤波器组。

（4）单相和三相电压源、电流源。

（5）三相双绕组变压器模型。

（6）开关。

（7）线路相间与对地故障。

（8）6 脉冲直流换流阀、可控硅和二极管模型。

（9）控制系统。

（10）测量环节。

基于 PS-MODEL 的直流工程电磁暂态模型搭建主要采用“6 脉冲换流器”模型和“直流输电控制保护经典模型”模型，下面分别介绍。

3.2.1 6 脉冲换流器

6 脉冲换流器采用 6 个阀臂元件、2 个外部单相电气节点、1 个一转三元件、1 个三相两绕组换流变压器元件及 1 个外部母线元件在子电路内搭建。图 3-4 所示电气接线为一个由单6脉冲（标号2～7）阀组成的直流系统逆变端部分。

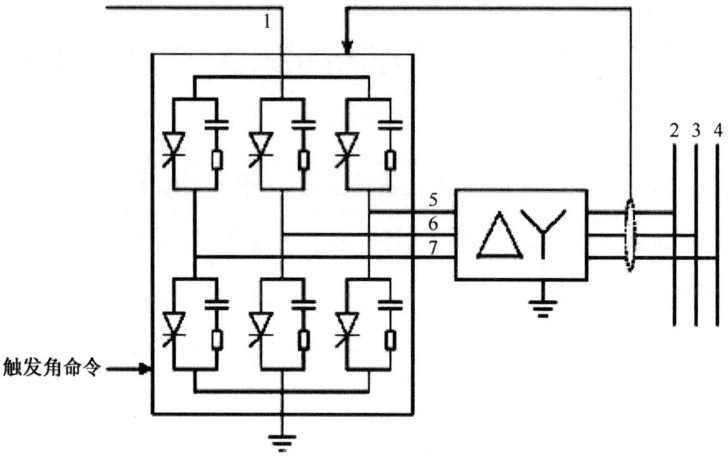

图3-4　6脉冲换流器

3.2.2　直流输电控制保护经典模型

直流输电系统运行即通过对整流侧和逆变侧触发角的调节，控制直流电压和直流电流，实现系统要求输送的功率或电流。控制性能将直接决定直流输电系统的各种响应特性以及功率/电流稳定性。直流输电系统其他控制功能还包括：换流变压器分接头控制、无功功率控制、整个直流系统的启动/停止控制、潮流翻转控制、接收和执行交流系统安全稳定装置的指令、动态调整直流系统的输送功率、提高整个交/直/交联网系统的稳定性能。

国际大电网会议直流输电标准测试系统（CIGRE HVDC Benchmark Model）主要用于各种仿真程序或仿真器在相似的主电路模型上进行不同的直流控制设备和控制策略性能的比较研究。该系统为单极直流输电系统，12脉冲换流器。其基本控制方式如下：该系统由整流侧定电流控制和 α_{min} 限制两部分组成，逆变侧配置有定电流控制和定关断角控制，无定电压控制，整流侧和逆变侧均配有VDCOL控制，逆变侧还配有电流偏差控制CEC。逆变侧定电流控制器和定关断角控制器

输出均为 β，逆变侧控制系统对其进行取大值选择。CIGRE HVDC Benchmark Model 整流侧控制系统模型及逆变侧控制系统模型分别如图 3-5 和图 3-6 所示。

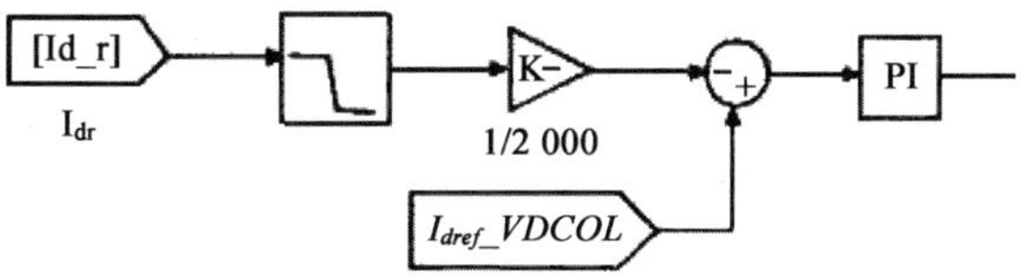

图 3-5　CIGRE HVDC Benchmark Model 整流侧控制系统模型

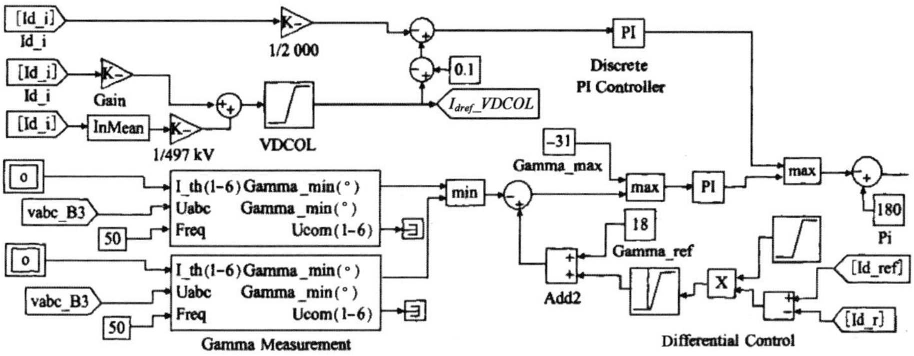

图 3-6　CIGRE HVDC Benchmark Model 逆变侧控制系统模型

基于以上模型，PS-MODEL 软件通过必要的扩展和定制，建立了功能更详细的控制保护系统经典模型，包括以下控制环节：功率大/小方式调制、双侧频率调制、定功率调节器、低电压电流限制器、定电流调节器、定电压调节器、定关断角调节器、触发脉冲发生器等。各个控制环节相关逻辑关系如下所述。

（1）功率小方式调制、双侧频率调制、功率大方式调制，这 3 种调制方式同一时刻只能有一个起作用。

（2）存在功率小方式调制，就必定没有定功率调节；功率小方式调制和定功率调节不能同时起作用。

（3）存在定功率调节必定存在定电流调节。

（4）一套直流控制（控制一套直流系统）只能用同一个 VDCOL。

（5）定关断角调节不能出现在整流侧。

图 3-7 所示为各个控制环节的连接关系。

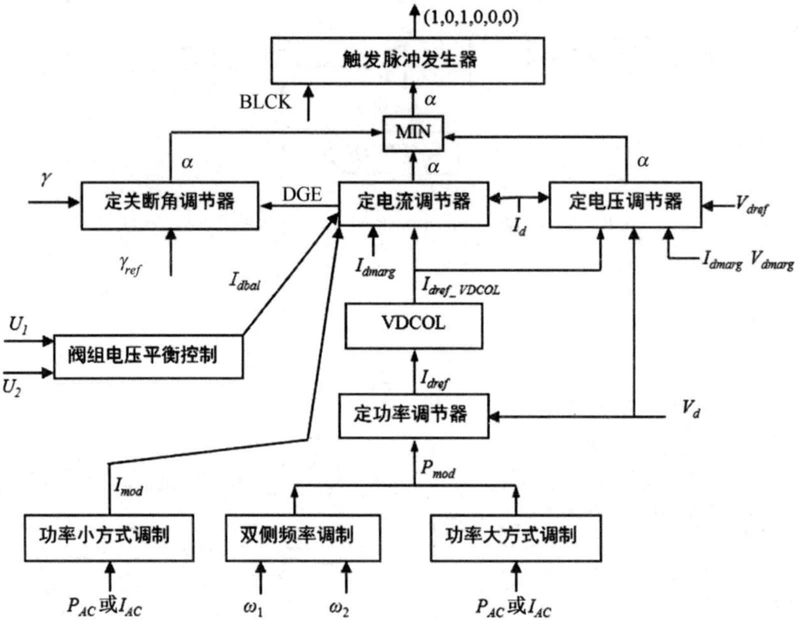

图 3-7　直流输电控制保护系统经典模型控制环节的连接关系

各环节传递函数框图如图 3-8 至图 3-17 所示。

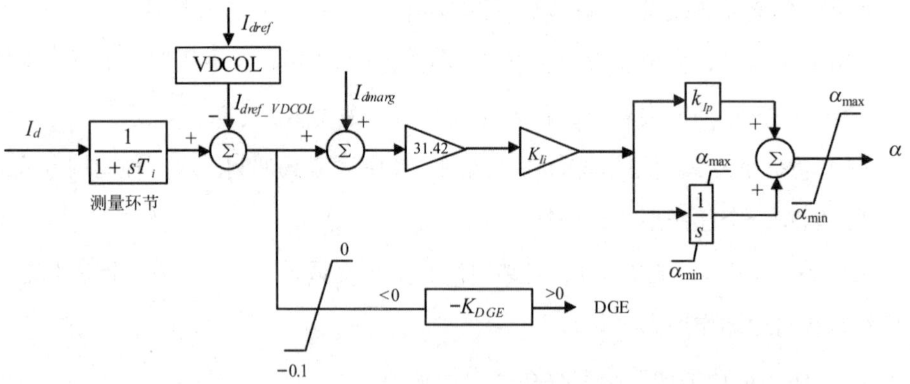

图 3-8　定电流调节器（整流站定电流调节器 I_{dmarg}=0，且无 DGE 输出）

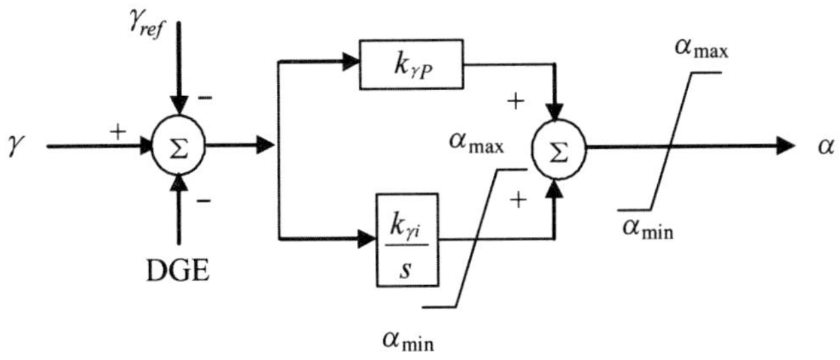

图 3-9　定关断角调节器

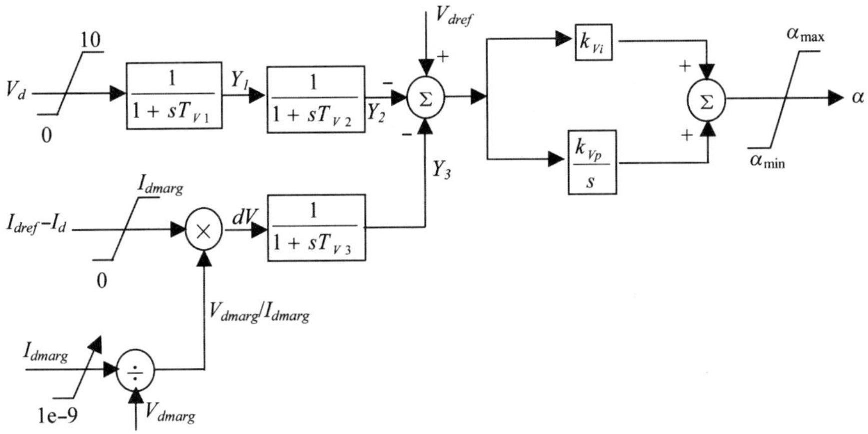

图 3-10　定电压调节器

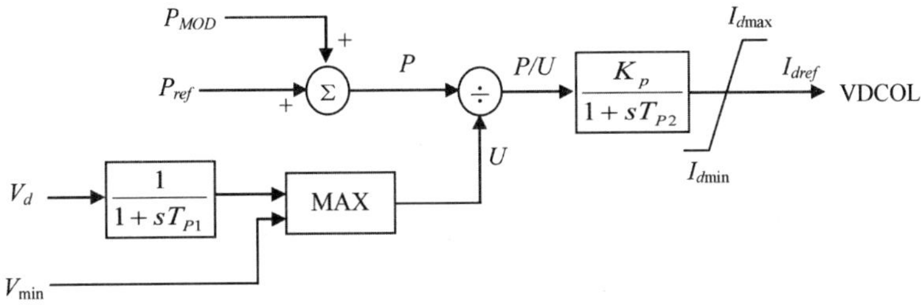

图 3-11　定功率调节器

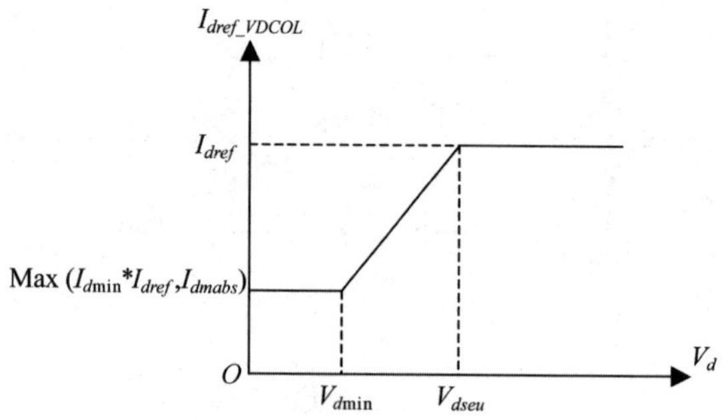

图 3-12 低电压电流限制器工作原理

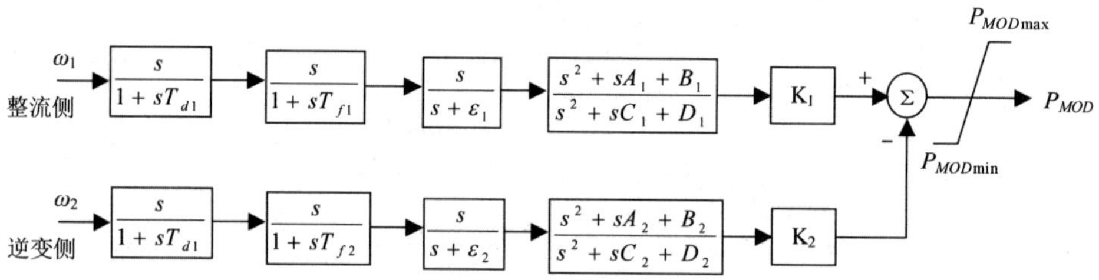

图 3-13 双侧频率调制

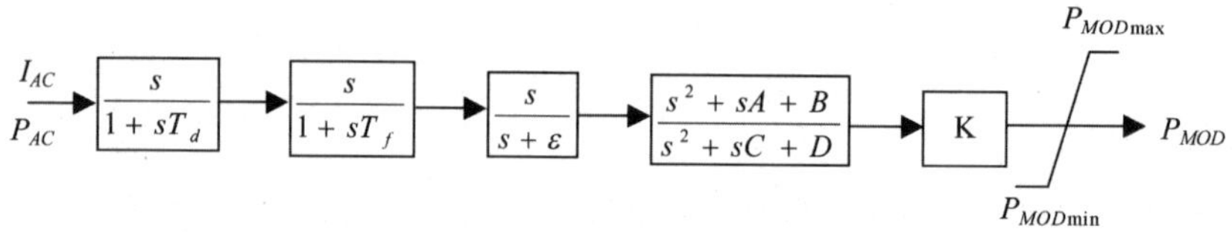

图 3-14 功率大方式调制

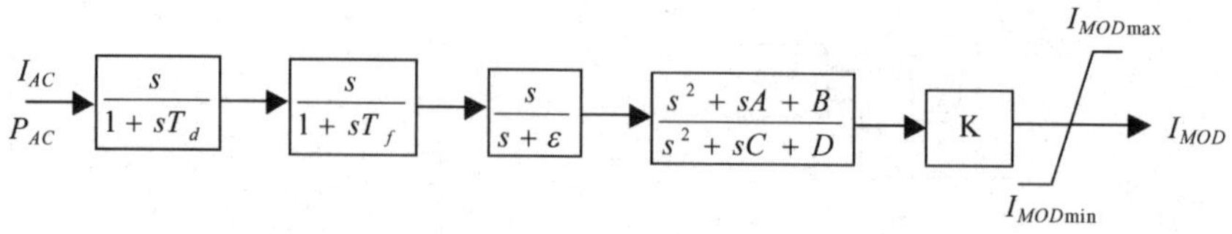

图 3-15 功率小方式调制

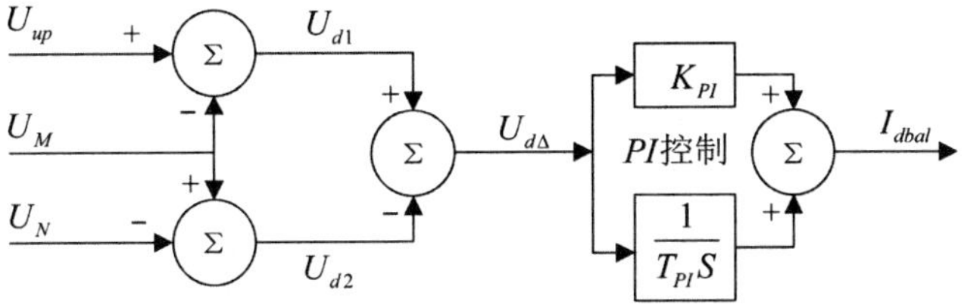

图 3-16　阀组电压平衡控制模块工作原理框图

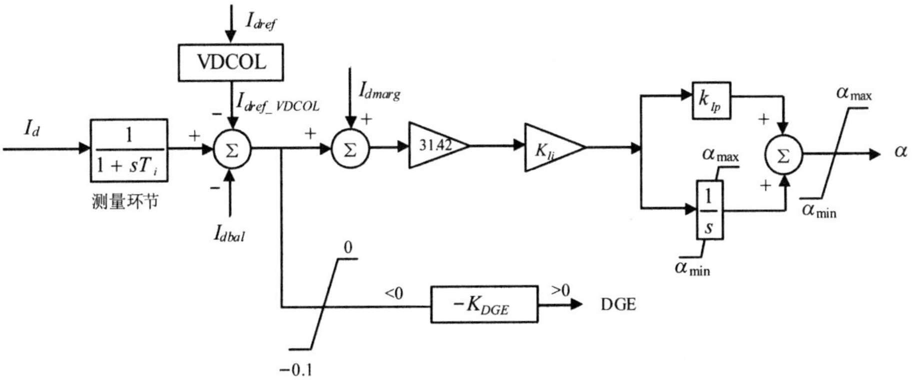

图 3-17　引入了阀组电压平衡控制的定电流控制

低压限流环节用于在直流电压降低时对直流电流指令进行限制，以避免在交流系统故障期间和故障以后的功率不稳定。VDCOL 也有利于交流故障后快速可控的重启动。此外，它也避免了连续换相失败对晶闸管引起的阀应力。

低压限流环节的电压和电流定值可以调整，而且两个站的斜坡函数或时间常数能独立调整，以便控制限制电流时的速率以及返回时的速率。两个换流站的低压限流环节之间，电流指令限制特性相互配合，保持电流裕度。

低压限流在 U_d 输入端有一个非线性的低通滤波器。U_d 降低和升高的时间常数是不一样的，整流端和逆变端对升高 U_d 的时间常数也是不一样的，为了不失去电流裕度，整流端的时间常数较小。为了使得电流指令在故障情况下迅速降低，降低 U_d 的时间常数设置得较小。整流侧和逆变侧在降低 U_d 时的时间常数是一致的。较小的时间常数可避免逆变侧故障时的连续换相失败。而 U_d 升高时的时间常数可相对较大。为了确保不失去电流裕度，整流侧升高 U_d 的时间常数设置得较逆变侧小。

3.3 交直流混联系统机电-电磁暂态仿真建模

3.3.1 混合仿真系统建模

如图 3-18 所示，一个混合仿真系统的构建流程通常分为机电-电磁暂态数据生成、直流电磁暂态初始化和仿真测试 3 个环节。在数据准备方面，我们收集了湖南电网 2025 年（2025 年虽然是未来年，但电网数据是提前规划、提前搭建的，所以 2025 年的电网数据是规划数据，用于指导 2025 年电网规划建设。下面不再解释）机电暂态模型数据和酒湖直流电磁暂态模型数据，参照酒湖直流模型搭建了第二条直流（湘南直流，后同）电磁暂态模型数据；在初始化方面，基于 PS-MODEL 提供的直流初始化调节工具对系统的无功补偿、熄弧角、直流电压、触发角等状态量进行迭代调节，使两条直流的初始运行状态基本满足要求；在仿真测试方面，对基于 PS-MODEL 搭建的混合仿真系统进行无故障平启动和故障启动两种测试，最终构建了基于 2025 年全国数据的高精准度湖南交直流电网混合仿真系统。

图 3-18 混合仿真系统构建流程

PS-MODEL 涉及的数据文件主要包括：电气信息文件（*.psm）、用户自定义文件（*.udm）、结果输出文件（*.out）以及错误信息文件（*.err）。其中，直流电磁暂态模型数据主要存放于包含电气元件信息及连接关系的电气信息文件

（*.psm），以及包含全部控制信息的用户自定义文件（*.udm）中。图 3-19 是各种数据文件的基本关系示意。

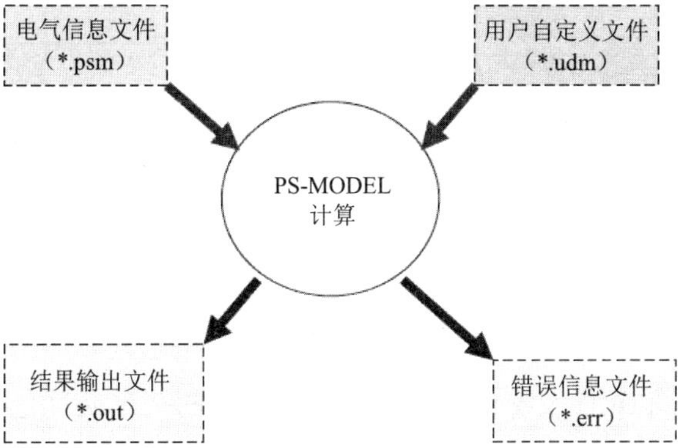

图 3-19 PS-MODEL 各种数据文件的基本关系示意

直流输电系统电磁暂态模型一次系统搭建应与实际直流输电工程保持一致，由晶闸管元件、缓冲电路、三相/单相 RLC 元件、输电线路、变压器等基本元件以及 6 脉冲换流器、12 脉冲换流器、交直流滤波器等封装元件构成。

基于 PS-MODEL 的直流输电系统电磁暂态建模技术路线如下所述。

（1）基于电磁暂态程序基础元件库搭建直流输电系统的一次系统，包括换流变压器、换流器、直流输电线路、接地线、交流滤波器、直流滤波器、平波电抗等。

（2）采用经典控制保护系统模型构建酒湖直流输电系统的控制保护系统，在兼顾计算效率的同时提高控制保护建模的准确性。

（3）酒湖直流控制保护建模正确无误后，与直流一次系统模型形成闭环，确保整条直流模型的正确性。

（4）搭建好的酒湖直流详细模型通过机电-电磁混合仿真接口参与交直流故障的混合仿真计算。

PS-MODEL 的直流输电系统电磁暂态模型可基于实际直流输电系统的结构，由基本元件、HVDC 电路元件构成一次系统的模型，控制系统采用基于 CIGRE

HVDC Benchmark 经典模型的特高压直流输电控制系统固定模型，如图 3-20 所示。

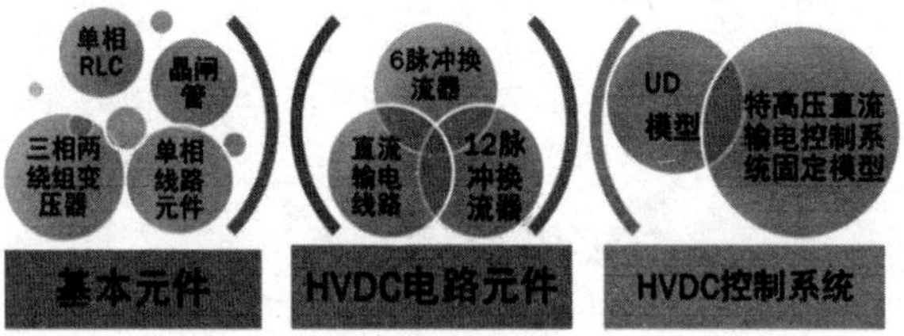

图 3-20　PS-MODEL 直流输电系统电磁暂态模型示意图

酒湖直流一次系统建模基于实际规划的直流输电工程的物理结构，采用 PS-MODEL 的基本元件及子电路封装实现，采用的基础元件包括（不限于）：三相 RLC 元件、单相 RLC 元件、晶闸管元件、输电线路元件、三相\单相故障元件、三相两绕组变压器元件等。

机电暂态模型与电磁暂态模型接口位于稳定文件的末尾，所搭建的酒湖直流、湘南直流（后续详述）的机电-电磁暂态模型混合仿真接口数据卡相应信息如图 3-21 所示。

```
68
..=============================================================================
..DG卡
..参数1：等值群编号
..参数2：    0    0    0    0    0
..参数3：是否输出初始化过程（0不输出，1输出且时间轴前面为负，2输出且时间轴从零开始）
..参数4：计算过程标志（0不计算，1只初始化计算，2正常计算）
..参数5：初始化时间
..参数6：自定义文件名称
..DG + 卡：
..参数1：等值群编号
..参数2：是否迭代（0除故障瞬间外不使用迭代，1采用迭代）
..参数3：迭代误差
..参数4：负电阻消除功能是否打开（0关闭，1打开）
..参数5：故障期间为了得到瞬时值前推时间值
..参数6：是否打开输出过程
..参数7：使用线程个数（只需要在一个分组中填即可，0为默认CPU物理核心数）
..=============================================================================

.酒湖直流
DG    031 0 0 0 0 0 1 2 3.0 HZ01_JH_800DC.psm
DG+   031 1 0.001 0 0.02
DD    甘酒泉换 800.0 甘酒泉N1 175.0 0   031     0.0   -4900.0   0.0     0.0
DD    甘酒泉换 800.0 甘酒泉P1 175.0 0   031     0.0      -0.0   0.0     0.0
DD    韶山换H 525.0 湘湘潭N2 159.0 0   031     0.0   -4160.0   0.0     0.0
DD    韶山换H 525.0 湘湘潭P2 159.0 0   031     0.0      -0.0   0.0     0.0
.
.湘南直流
DG    032 0 0 0 0 0 1 2 3.0 HZ02_XN_800DC.psm
DG+   032 1 0.001 0 0.02
DD    湘直流H 800.0 湘直流N1 175.0 0   032     0.0   -4900.0   0.0     0.0
DD    湘直流H 800.0 湘直流P1 175.0 0   032     0.0      -0.0   0.0     0.0
DD    湘南换M 525.0 湘湘南N2 159.0 0   032     0.0   -4160.0   0.0     0.0
DD    湘南换M 525.0 湘湘南P2 159.0 0   032     0.0      -0.0   0.0     0.0
.
69
```

图 3-21　混合仿真接口数据卡相应信息

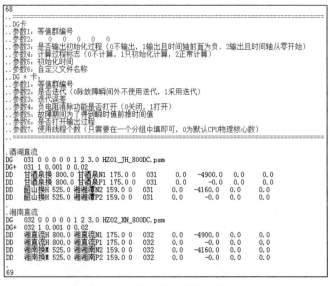

3.3.2 直流电磁暂态状态量初始化

HVDC InitTool 是基于 PS-MODEL 的直流初始化调节工具，其调用的主程序为 PfToEMT_x86.exe。在直流电磁暂态模型状态量的初始化调节中，主要需经过转换潮流、加载稳定数据和初始化计算 3 个步骤，如图 3-22 所示。直流的初始化计算完成后会在稳定文件（.swi）中自动添加混合仿真接口数据卡（图 3-21），从而搭建起机电-电磁模型的接口。通过反复调节初始化可以减小直流初始运行状态的偏差，从而提高所搭建混合仿真系统的精准度。

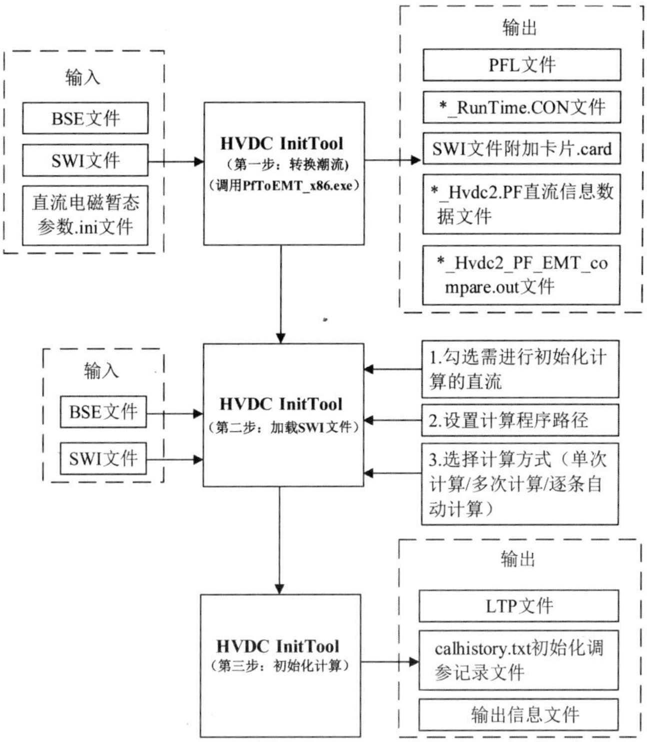

图 3-22 直流电磁暂态初始化工具 HVDC InitTool 的使用流程

通过调节变压器变比，保证α、γ、直流电压、直流电流、无功与潮流一致。按照程序给定的提示进行调整，每条直流经过 5～10 次初始化计算后，初始运行状态基本可以满足要求。图 3-23 展示了在直流电磁暂态初始化工具中对酒湖直流和湖南直流进行初始化调节的过程。

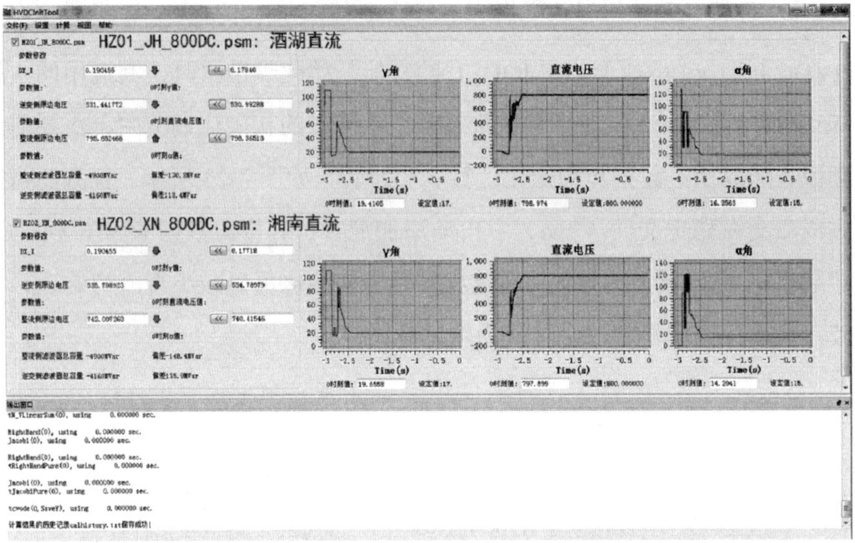

图 3-23　在直流电磁暂态初始化工具中对两条直流进行初始化调节的过程

在搭建的湖南交直流电网混合仿真系统中对无故障及三相交流短路故障进行测试，图 3-24 至图 3-27 所示的仿真结果表明，该仿真系统能平稳运行，且经历扰动后能快速恢复稳定。

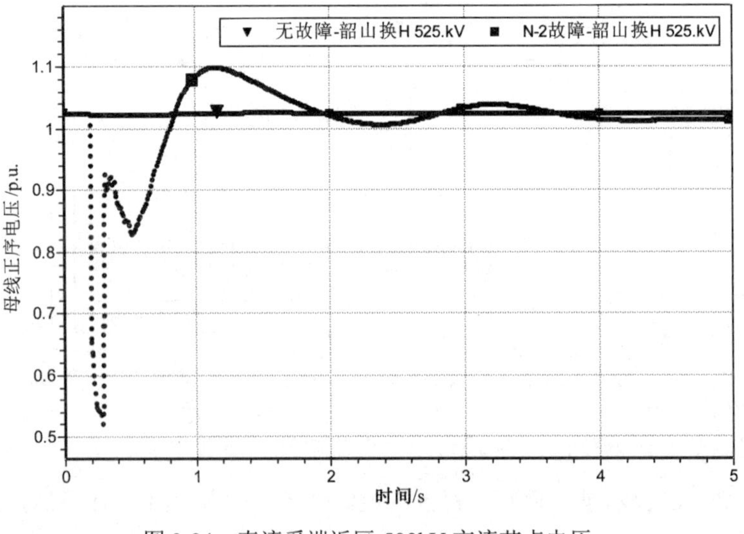

图 3-24　直流受端近区 500kV 交流节点电压

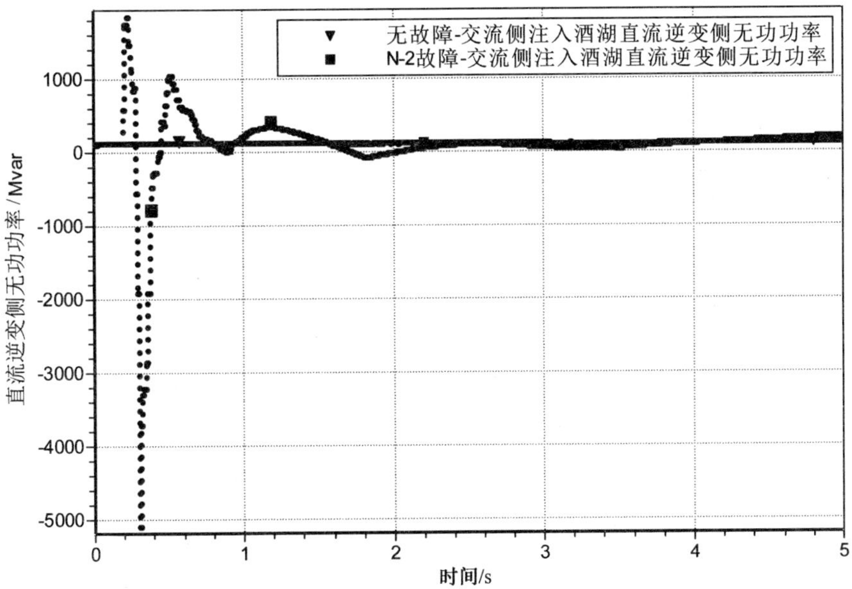

图 3-25 交流电网注入直流逆变侧的无功功率

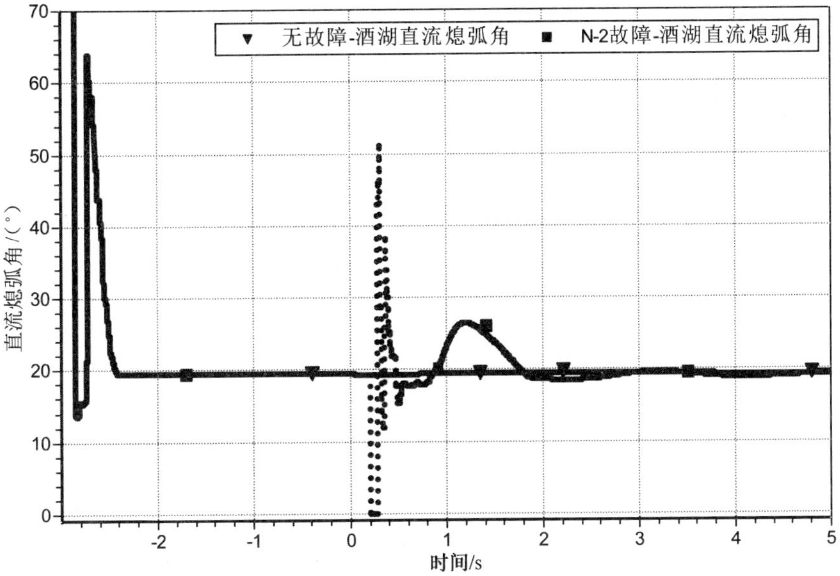

图 3-26 直流熄弧角（近区 N-2 故障导致直流发生换相失败时）

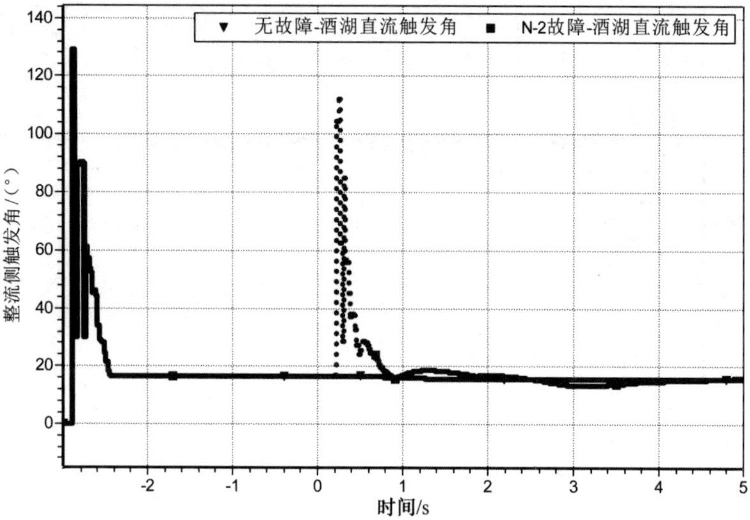

图 3-27 直流触发角（近区 N-2 故障导致直流发生换相失败时）

3.4 新型同步调相机仿真建模及受扰响应特性

3.4.1 主要技术特点

调相机是一种在瞬态、暂态和稳态范围内均可以向电网提供无功补偿的装置。直流功率的增加可能导致换相失败等故障，这使电网对瞬态无功提供能力的要求越来越高。而静止无功补偿器（SVC）、静止无功发生器（SVG）在瞬态无功提供能力方面不如调相机，因此不能满足“强直弱交”电网无功补偿的需求。经过深入的技术、经济比较，国家电网规划在部分直流输电系统送受端换流站配置适量的调相机，实现“大直流输电、强无功支撑”，提高“强直弱交”情况下交直流混联电网的安全稳定性。调相机建设是国家电网为了提高大电网安全稳定、解决局部电网系统动态无功补偿不足和电压稳定问题，形成“大直流输电、强无功支撑”电网格局所做出的重要部署。未来几年内，在已投运和在建直流工程送、受端以及大比例外受电地区将建设一批调相机组。

目前，国内外电网中主要应用的动态无功补偿装置有 SVC、STATCOM 和调相机等，同步调相机与 SVC、STATCOM 的主要技术特点见表 3-1。

表 3-1 主要动态无功补偿装置特性比较

比较项目	同步调相机	SVC	STATCOM
设备类型	旋转设备，向系统提供转动惯量和短路电流	静止设备	静止设备
安装位置	独立电源接入电网或装设在变电站低压侧	变电站低压侧	变电站低压侧
无功特性	基本不受电压变化影响，瞬时最大出力可接近 2 倍额定功率，且能进相运行	与电压平方成正比	与系统电压成正比
响应时间/ms	20	20～60	10

同步调相机的技术特点：一是动态无功支撑能力强，在暂态过程中无功输出基本不受电压影响，当系统电压大幅降低时可利用短时强励能力（10s 内，2.0 倍过载）提供 2 倍额定容量的动态无功支撑；二是动态无功输出不受不对称短路影响，系统出现短路故障时，调相机的无功输出不会因为对称或不对称短路而工作不正常；三是动态无功输出不产生谐波，应用在直流输电逆变器一侧，故障时可以为逆变器提供大量无功，不产生任何谐波，可靠性较高；四是能够提高短路容量，应用在直流输电系统受端，能够提高短路容量，提升直流系统运行稳定性；五是接入系统电压等级高，调相机可以直接接入输电网侧，对有效支撑大电网安全稳定运行作用直接；六是没有次同步振荡风险，调相机的结构基本与同步电动机相同，轴系可以视为一个集中质量块，不存在次同步频率的扭振模式。

从设备性能上看，同步调相机提供的动态无功容量大、品质好，对大电网安全稳定运行的支撑直接有效；SVC、STATCOM 等电力电子设备对负荷侧电压调节效果较好，但对大电网安全稳定运行的支撑作用受技术条件制约，目前应用仍然有限。

3.4.2 机电暂态建模

韶山换调相机额定参数见表 3-2。

表 3-2 韶山换调相机额定参数

序号	名称	符号	单位	参数
1	额定容量	S_N	MV·A	300
2	额定电流	I_N	kA	8.660
3	额定电压	U_N	kV	20
4	额定频率	f_N	Hz	50
5	额定转速	n_N	r/min	3000
6	额定励磁电流	I_{fN}	A	1835
7	额定励磁电压	U_{fN}	V	415
8	空载励磁电流	I_{f0}	A	735
9	空载励磁电压	U_{f0}	V	143
10	额定功率因数（滞后）	$\cos\varphi$		0
11	定子绕组接线方式			Y 接型
12	进相运行能力		Mvar	−150

韶山换调相机主要性能参数见表 3-3。

表 3-3 韶山换调相机主要性能参数

序号	名称	符号	单位	工程实际数值
1	15℃时定子绕组相电阻	Ra（15℃）	Ω	0.000192
2	15℃时转子绕组电阻	Rf（15℃）	Ω	0.195
3	直轴同步电抗（饱和值/不饱和值）	Xd	%	（无）/153
4	直轴瞬变电抗（饱和值/不饱和值）	Xd′	%	14.6/16.5
5	直轴超瞬变电抗（饱和值/不饱和值）	Xd″	%	10.2/11.1
6	直轴瞬变电流衰减时间常数	Td′	s	0.71
7	直轴超瞬变电流衰减时间常数	Td″	s	0.035
8	直轴定子绕组开路时转子绕组的瞬变时间常数	Td0′	s	7.46
9	直轴定子绕组开路时转子绕组的超瞬变时间常数	Td0″	s	0.05
10	转子绕组电阻（定子侧）	rf	%	0.065
11	阻尼绕组电阻（定子侧）	rD	%	0.729

续表

序号	名称	符号	单位	工程实际数值
12	交轴同步电抗（饱和值/不饱和值）	Xq	%	（无）/148
13	交轴瞬变电抗（饱和值/不饱和值）	Xq′	%	28.0/31.8
14	交轴超瞬变电抗（饱和值/不饱和值）	Xq″	%	10.1/11.0
15	交轴瞬变电流衰减时间常数	Tq′	s	0.156
16	交轴超瞬变电流衰减时间常数	Tq″	s	0.035
17	交轴定子绕组开路时转子绕组的瞬变时间常数	Tq0′	s	0.83
18	交轴定子绕组开路时转子绕组的超瞬变时间常数	Tq0″	s	0.096
19	转动惯量	J	$t{\cdot}m^2$	9.09
20	飞轮力矩	GD2	$t{\cdot}m^2$	36.4
21	短路比	SCR		0.6536
22	交轴电枢反应电抗	Xaq	%	139.36
23	g 阻尼绕组漏抗	Xgl	%	27.776
24	Q 阻尼绕组漏抗	XQl	%	2.40
25	g 阻尼绕组电阻（定子侧）	rg	%	0.641
26	Q 阻尼绕组电阻（定子侧）	rQ	%	0.848
27	定子绕组漏抗	Xσ	%	8.64
28	直轴电枢反应电抗	Xad	%	144.36
29	转子绕组漏抗	Xfl	%	8.31
30	直轴阻尼绕组漏抗	XDl	%	3.58

韶山换（韶山换流站）调相机可以在 18.5～21.5kV 范围内长期运行且无功出力能力不受限制，其定子绕组具备承受 3.5 倍额定定子电流 15s 的能力。只要励磁绕组过负荷电流及其对应持续时间满足式（3-1），则励磁绕组就不会超过热稳定限制。

$$(I^2-1)t < 78.75 \tag{3-1}$$

韶山换流站两台 300Mvar 调相机采用变压器单元接线，接入韶山站 500kV 母线。潮流数据中，调相机为 PV 节点，且发电机有功出力为零。

为模拟调相机实际运行中的定无功控制，即调相机正常情况下无功出力为零，在潮流计算中要调整调相机机端电压，使得调相机无功输出计算结果接近于零。韶山站两台 300Mvar 调相机潮流数据（BPA 填卡格式）如图 3-28 所示。

```
B       换调相H 525.潭
L       韶山换H 525.  换调相H 525.1                 .0001
BQ      换调相G1   20潭                         300 -.001300   -200 1.0
T       换调相G120.   换调相H 525.1 370 2.00055.03757.00165.0044420.   525.
BQ      换调相G2   20潭                         300 -.001300   -200 1.0
T       换调相G220.   换调相H 525.2 370 2.00055.03757.00165.0044420.   525.
```

图 3-28　韶山换调相机潮流数据

调相机稳定模型可以视为一台不考虑调速器的常规发电机，但其暂态电抗、时间常数等关键参数与常规发电机不同。韶山换调相机稳定数据（经典参数及韶山换调相机 BPA 填卡格式）如图 3-29 所示。

```
.======================== 韶山换流站调相机2×300MW 500kv ======================

M   换调相G1 20.  300.                  0.111 0.11 .05.096
MG  换调相G1 20.   448.5       300.     0.1650.317 1.53 1.487.46.838.853    1..193
FV  换调相G1 20.              0.0256.25 1.    1.   10.  0.04 0.03 14.2 0.02        1.
F+  换调相G1 20.   10.  -10.                              11.2-10..093
EL  换调相G1 20.   2.42420.0.85  10.  0.1 0.5 0.6                                     3
EN  换调相G1 20.   1.   5.  99.-99.  99.-99.0.06 10.      60.   0.1        0.03  1.  300.
EN+换调相G1 20.       -150.  50.-150.99.9-150.150.-150.200.-150.250.-150.300.-150.
SV  换调相G1 20.   1.2    .1   0.2   0.5    1.    1.    1.    1.   0.1 -0.1  换调相H 525.

M   换调相G2 20.  300.                  0.111 0.11 .05.096
MG  换调相G2 20.   448.5       300.     0.1650.317 1.53 1.487.46.838.853    1..193
FV  换调相G2 20.              0.0256.25 1.    1.   10.  0.04 0.03 14.2 0.02        1.
F+  换调相G2 20.   10.  -10.                              11.2-10..093
EL  换调相G2 20.   2.42420.0.85  10.  0.1 0.5 0.6                                     3
EN  换调相G2 20.   1.   5.  99.-99.  99.-99.0.06 10.      60.   0.1        0.03  1.  300.
EN+换调相G2 20.       -150.  50.-150.99.9-150.150.-150.200.-150.250.-150.300.-150.
SV  换调相G2 20.   1.2    .1   0.2   0.5    1.    1.    1.    1.   0.1 -0.1  换调相H 525.
```

图 3-29　韶山换调相机稳定数据

3.4.3　受扰响应特性

调相机纳入 AVC 系统后，稳态情况下即参与系统调压，并有无功出力，这样一来可能对暂态过程中的无功支撑作用产生影响。

根据实测的故障录波信息，交流短路故障发生在“韶山换—云田”500kV 交流线路上，故障发生时间为21:05:05。交流电压在故障发生后的45ms 内从 0.999p.u.

跌落到 0.827p.u.，然后在故障发生后的 85ms 恢复到 0.998p.u.。故障录波仪器记录了调相机交流电压、有功功率、无功功率等信息，图 3-30 为调相机辅助 PT 测量的录波波形。

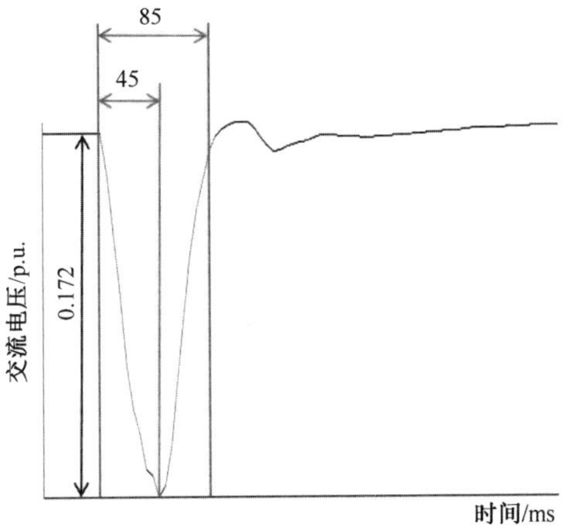

图 3-30 调相机辅助 PT 测量（故障录波波形）

为了将仿真数据与实际录波曲线进行对比以验证调相机模型的有效性，本节构建了含新型同步调相机模型的等值小系统，如图 3-31 所示。通过将外部系统进行戴维南等值，将模型比对的重点工作聚焦到调相机自身的动态响应（机端电压、无功功率等）特性上。

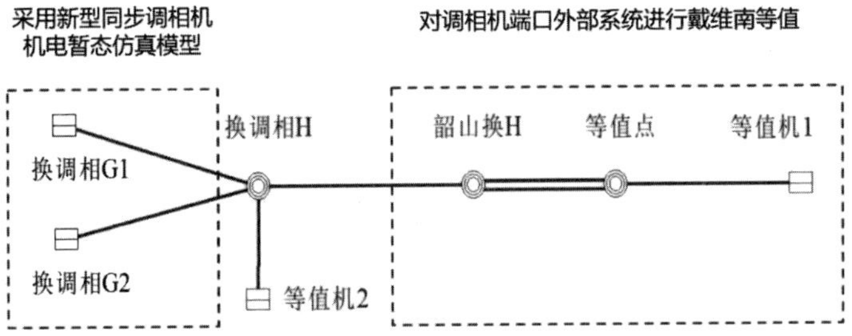

图 3-31 含新型同步调相机模型的等值小系统

在构建的含新型同步调相机模型的等值小系统基础上，通过在内电势处施加正弦扰动，模拟出故障期间调相机的交流电压变化过程，进而通过机电暂态仿真获得仿真数据，并与录波数据进行对比，结果见图 3-32、表 3-4 和表 3-5。

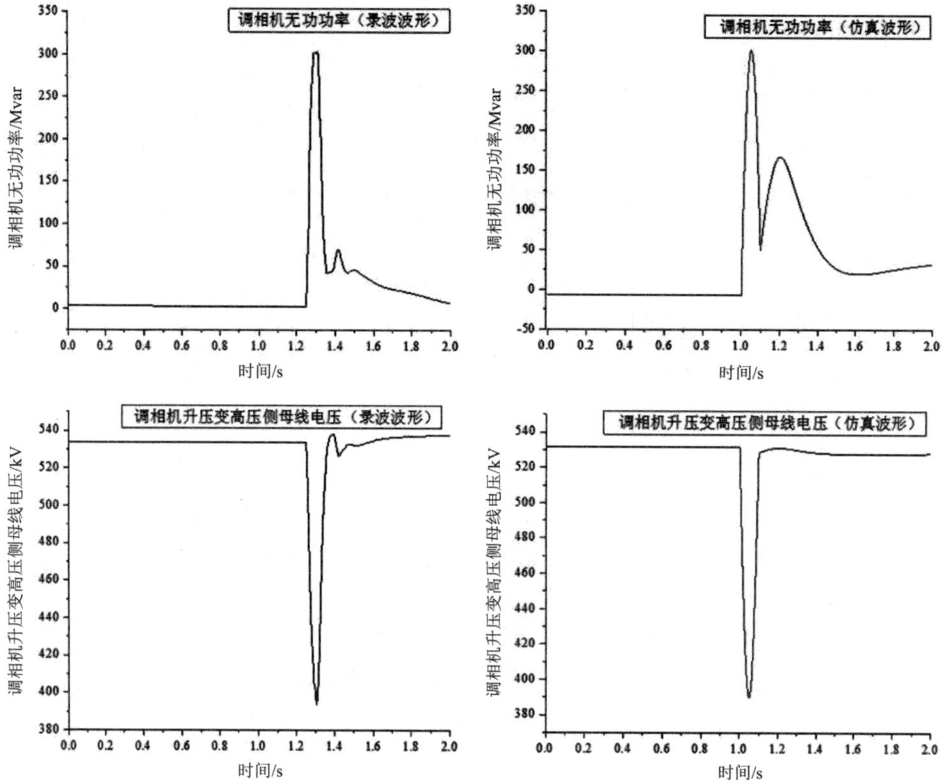

图 3-32 调相机机电仿真波形与实测录波波形的比对

表 3-4 调相机无功功率仿真波形与录波波形对比结果

对比项目	录波值	仿真值	相对误差
上升时间/ms	35	50	15
上升幅值/Mvar	301.05	301.74	0.69

表 3-5 调相机升压变高压侧母线电压仿真波形与录波波形对比结果

对比项目	录波值	仿真值	相对误差
跌落时间/ms	72	50	–22
跌落幅值/kV	140.31	141.75	1.44

由上述结果可以看到，所搭建的新型同步调相机仿真模型在同一故障后的仿真波形与录波波形变化趋势基本一致，相对误差较小，因此所设计的新型同步调相机模型及参数接近于工程中实际采用的调相机模型、参数。

“湘南换 M—船山 H”500kV 线路湘南侧发生交流 N-2 故障时，系统功角、频率、电压均能保持稳定，酒湖直流、湘南直流同时发生换相失败。调相机在此过程中快速响应，发出大量无功，瞬时值达到 287Mvar/624Mvar，调相机机端电压和无功输出分别如图 3-33 和图 3-34 所示。

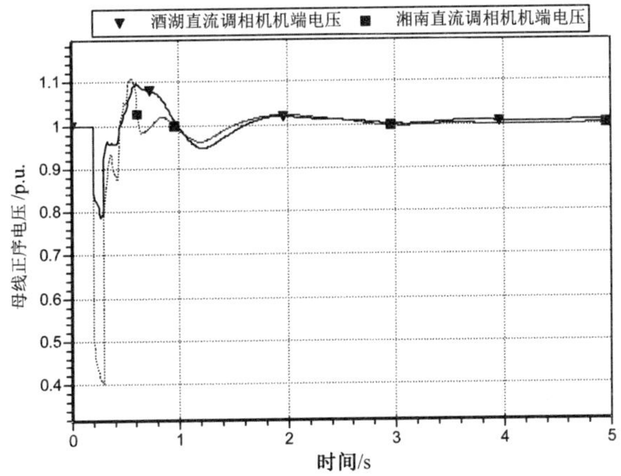

图 3-33　换相失败过程调相机机端电压

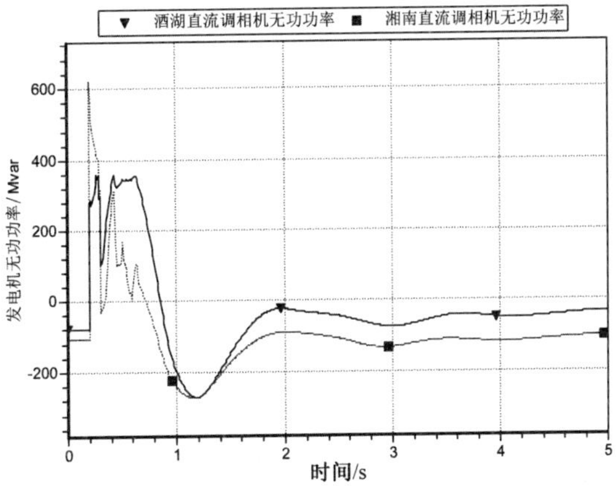

图 3-34　换相失败过程调相机无功功率输出

考虑韶山调相机稳态无功出力分别为 0、50Mvar、100Mvar 三种情况，在酒湖直流发生双极闭锁故障后，韶山站 500kV 母线电压波动情况和调相机无功输出情况分别如图 3-35 和图 3-36 所示。

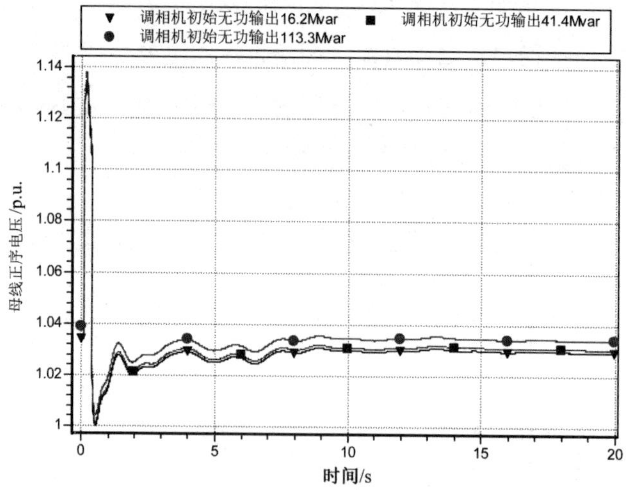

图 3-35 韶山调相机无功输出不同初始值情况下酒湖直流双极闭锁故障后韶山站 500kV 母线电压

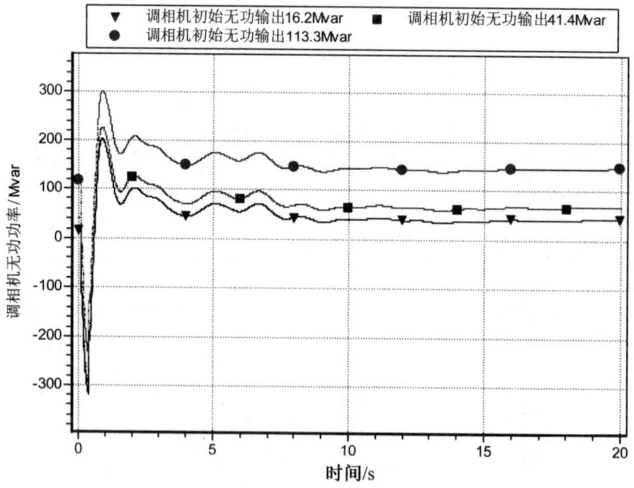

图 3-36 韶山调相机无功输出不同初始值情况下酒湖直流双极闭锁故障后调相机无功输出

仿真结果表明：

（1）故障前调相机的无功输出越大，酒湖直流双极闭锁后韶山站母线电压稳态值越高。调相机初始无功输出16.2Mvar与113.3Mvar对比，韶山站母线电压稳态值提升了约2.1kV，反映了调相机能够对近区电网提供动态无功支撑。

（2）故障前调相机的无功输出越大，其暂态过程中无功输出越多，但故障后稳态无功输出与故障前无功输出初始值之间的差额基本保持不变。初始无功输出为16.2Mvar，故障后稳态无功输出为43.4Mvar；初始无功输出为41.4Mvar，故障后稳态无功输出为70.9Mvar；初始无功输出为113.3Mvar，故障后稳态无功输出为145.1Mvar。可以看出，初始无功输出越大，故障后无功输出留的裕度越小，不利于严重故障下发挥调相机的暂态无功支撑能力。因此，调相机在正常情况下采取定无功控制，且无功输出为零，以保证其充足的暂态无功支撑能力。

参考文献

[1] 岳程燕，田芳，周孝信，等. 电力系统电磁暂态-机电暂态混合仿真接口原理[J]. 电网技术，2006（01）：23-27+88.

[2] 岳程燕，田芳，周孝信，等. 电力系统电磁暂态-机电暂态混合仿真接口实现[J]. 电网技术，2006（04）：6-10.

[3] 岳程燕，田芳，周孝信，等. 电力系统电磁暂态-机电暂态混合仿真的应用[J]. 电网技术，2006（11）：1-5.

[4] 万磊，丁辉，刘文焯. 基于实际工程的直流输电控制系统仿真模型[J]. 电网技术，2013，37（03）：629-634.

第 4 章　交直流混联电网稳定性分析

电力系统稳定是电网安全可靠运行的前提。对传统交流系统，其具备的基本特性有：发电和输电设备均采用三相制，构成运行电压相对稳定的三相交流系统；大的负荷总是三相，单相负荷通过各相间的分配平衡，形成平衡的三相系统；发电机多为同步发电机，一次能源如煤炭、水力、核能先转化为机械能，再经过同步发电机转化为电能；电力常需要远距离输送，因为发电中心与负荷中心通常不在一片区域，需要经由以高压输电线路为主，多个电压等级的子系统为辅的输电系统传输。

随着新能源发电技术的快速发展及应用，跨区域交直流混联电网正成为现代电力系统的发展方向。与传统电力系统相比，交直流混联系统在时间上表现出多时间尺度特性，在空间上表现出跨区域耦合特性，系统运行控制模式也更加丰富多变。这些特点引出了新的稳定性问题，同时使交直流混联电力系统的稳定性分析更加复杂、突出[1]。

根据对电力系统稳定运行的要求，大规模电力系统在下述最严重的故障期间及故障后均应能够保持稳定运行。考虑到电力系统中元件数量多，且其运行环境复杂，因此发生故障的概率很高，这些故障包括：任一发电机、输电线路、变压器、母线发生三相短路故障；某一多回杆塔上两条相邻线路的不同相线路发生单相对地故障；任一输电线路、变压器、母线发生单相对地故障，同时断路器、继电器或信号传输线路故障导致切除时间延迟；无故障失去任一元件；同时失去直流输电双极设备。系统稳定性的标准为：在发生上述故障后，系统的电压、频率、线路与设备的负荷均在容许范围内；同时，所有设备能够保持运行。

在交直流混联电网中，发电机与负荷通常集群出现，可以大致划分为受端电网与送端电网，二者之间由交流线路或直流线路连接。根据受送端之间的互联方式，交直流混联电网可以被分为以下 3 种。

（1）受送端同步互联的交直流混联大电网，指受端电网与送端电网间既有直流输电线路，又有交流线路。这种电网中，受端电网与送端电网频率相互影响，实质上仍属于同一个交流电网。直流线路镶嵌在交流电网中，仅起到输送功率的作用。

（2）受送端异步互联的交直流混联电网，指受端电网与送端电网间仅由直流线路连接，没有交流线路。这种电网中，直流线路起到了隔离两个交流电网的作用，受端电网和送端电网仅有功率的交流而没有频率的交流，呈现异步运行的状态。目前，我国华东电网与华中电网间即是异步互联，仅由葛上、三常、三沪、向上和锦苏直流线路连接，暂无交流线路联通。

（3）受送端混合互联的交直流混联电网，指部分受端电网与受端电网仅通过直流线路连接，另一部分则同时由交流线路与直流线路连接。这种连接形式相当于上述两种的混合版，目前的南方电网即呈现出混合互联的特征。

之所以将交直流混联电网分为 3 类，是因为上述 3 种结构的稳定特性存在明显的差异，在分析研究中需要进行不同的简化与等效。在研究第 1 种与第 2 种的基础上，经过综合和拓展可以解决第 3 种的问题。

对于一个规模庞大的电力系统，保持其稳定高效运行的同时减少成本是一个富有挑战的问题，解决这一问题给电力行业和整个社会带来的经济效益均非常可观。从控制理论的角度看，电力系统是一个复杂的高阶、多变量系统，且运行方式多变，需要进行必要的简化假设以分析具体的问题。同时，电力系统动态元件多，不同元件有着不同的运行特性及响应速度，这使得电力系统具有高度非线性。因此，系统稳定性可以分为多种形式，从不同的角度观察有不同的分析方法。根据扰动的类型，通常将稳定性问题分为小扰动稳定性和大扰动稳定性两个大类。

4.1 交直流混联电网小扰动稳定性分析

受到扰动后的系统可以在运行点附近线性化则称所受的扰动为小扰动。小扰动稳定性是指遭受小扰动后系统保持同步的能力。小扰动稳定性问题通常是由于系统阻尼不足引起的一种增幅功率振荡，是判断系统鲁棒性及影响系统安全稳定运行的重要部分[2]。影响交直流混联电网小扰动稳定性的主要因素包括：平衡点运行状态、系统动态元件间的交互作用及控制环节特性。其中，系统动态元件间的交互作用是关键因素。在现实电网中，电力系统在时间和空间上均高度复杂，需要进行线性化处理。小干扰稳定性分析实际上是研究电力系统的局部特性，即干扰前平衡点的渐进稳定性。通过线性化模型，可以降低对复杂系统进行小扰动稳定性分析的难度，了解系统动态元件间的交互过程及机理。

交直流混联电网中存在着复杂的动态交互作用，对其过程进行研究可以揭示影响交直流混联电网小扰动稳定性的核心机理，这也是目前研究的主要内容[3]。根据不同子系统间动态交互过程的差异，可以将小扰动稳定问题大致分为 3 类：①直流网络自身的小扰动稳定性问题；②交直流系统间的小扰动稳定性问题；③不同网络接口间的小扰动稳定性问题。

4.1.1 小扰动稳定性原理

电力系统的动态特性可以用一组非线性微分方程和一组非线性代数方程表示[4]。综合考虑交直流电网中的动态元件，对于电力系统的行为可由下列微分代数方程描述：

$$\begin{cases}\dot{x} = f(x,u) \\ 0 = g(x,u)\end{cases} \tag{4-1}$$

对上式进行泰勒展开，忽略高阶项，得到：

$$\begin{cases}\Delta\dot{x} = \tilde{\boldsymbol{A}}\Delta x + \tilde{\boldsymbol{B}}\Delta u \\ 0 = \tilde{\boldsymbol{C}}\Delta x + \tilde{\boldsymbol{D}}\Delta u\end{cases} \tag{4-2}$$

其中，Δx 为系统的状态量，Δu 为各节点的输入量；$\boldsymbol{A}$、$\boldsymbol{B}$、$\boldsymbol{C}$、$\boldsymbol{D}$ 为状态矩阵。

消去式（4-2）中的输入变量 Δu，可得到：

$$\Delta\dot{x} = \boldsymbol{A}\Delta x \tag{4-3}$$

其中，状态矩阵 $\boldsymbol{A}$ 为

$$\boldsymbol{A} = \tilde{\boldsymbol{A}} - \tilde{\boldsymbol{B}}\tilde{\boldsymbol{D}}^{-1}\tilde{\boldsymbol{C}} \tag{4-4}$$

若线性化后的系统渐进稳定，即 $\boldsymbol{A}$ 所有特征值的实部均为负值，那么实际非

线性系统在平衡点是渐进稳定的。

若线性化后的系统不稳定，即当 $\boldsymbol{A}$ 的所有特征值中至少有一个实部为正，那么实际的非线性系统在平衡点是不稳定的。

若线性化后的系统临界稳定，即当 $\boldsymbol{A}$ 的所有特征值中无实部为正的特征根，但至少有一个是实部为零的特征根，那么不能从线性近似中得出关于实际非线性系统稳定性的任何结论。

特征根（$\lambda=\sigma+j\omega$）的实部 σ 刻画了系统对振荡的阻尼，而虚部 ω 则指出了振荡的频率。负实部表示衰减振荡，正实部表示增幅振荡。振荡的频率为

$$f=\frac{\omega}{2\pi} \tag{4-5}$$

定义阻尼比为

$$\xi=\frac{-\sigma}{\sqrt{\sigma^2+\omega^2}} \tag{4-6}$$

它决定了振荡幅值的衰减率和衰减特性。

系统在小干扰作用下产生的振荡如果能够被抑制，以至于在相当长的时间后系统状态的偏移量足够小，则系统是稳定的。相反，如果振荡的幅值不断增大或无限维持下去，则系统是不稳定的。正常运行的电力系统首先应该是小干扰稳定的，因此判断系统在指定运行方式下是否小干扰稳定，是电力系统分析中最基本和最重要的任务。

4.1.2 小扰动稳定性分析方法

1. 频域分析法

Nyquist 稳定判据是小扰动稳定性问题中最具有代表性的频域分析方法，得到了广泛的研究与应用。但是，Nyquist 判据仅适用于单输入单输出系统；同时，该判据的准确性依赖于所建立模型的精确程度，这都不利于用来分析具有“多输入多输出”特点的交直流混联电力系统小扰动稳定性问题。

在 Nyquist 稳定判据的基础上，研制了基于 Middlebrook 判据的阻抗法。该方法经过改进可以应用于多输入多输出系统，分析系统中动态元件交互过程[5]。该

方法选取系统中特定节点作为关键节点，在此基础上建立阻抗模型。此关键节点可以将系统分为两部分，分别得到对应的输出阻抗 Z_{out} 和输入阻抗 Z_{in}，若 $\mathrm{Re}[Z_{out}/Z_{in}]\geqslant 0.5$，则系统稳定。改进后的阻抗法可以较好地分析多端系统的动态特性。

频域分析法的优势在于，可以较好地反映系统的动态特性，同时计算速度较快。不足之处在于，目前应用于交直流混联电网稳定性分析的频域分析法基于对系统的分割，其分析精度受制于交直流电网拓扑的复杂程度。同时，当前的频域分析法均基于一个隐含假设，即选取的关键节点处潮流单向流动，在具备潮流双向流动特点的器件（如储能器件）及柔性直流中的应用受到限制。此外，在工程实践中，精确测量系统阻抗的难度较大，因此实用性不足。

2. 模式分析法

模式分析法（也称模态分析法）是一种较为准确的小扰动稳定性分析方法。对交直流混联电网在不同运行条件下的特征值进行求解，不仅可以判断系统在该工况下受到小扰动后是否稳定，同时也可以量化分析系统动态元件之间的响应情况。由系统状态方程的特征值可以得出振荡频率、阻尼、各参与元件对振荡的贡献等重要信息[6]。在控制结构的设计、负荷和线路阻抗对系统小扰动稳定性的影响等领域，模式分析法均得到广泛应用。

模式分析法的不足在于，生成全系统状态方程需要系统全局模型，随着系统复杂度的增加，模式分析法的建模难度及运算量均大大增加，同时，大系统内部元件增多，之间的动态交互过程也变得非常复杂，给稳定性机理的探索带来巨大的挑战。

由模式分析法发展而来的概率分析法可以应用于复杂系统的小扰动稳定性分析，同时可以分析系统的动态特征。随着近年来人工智能技术的进步，基于深度学习的概率分析法得到了长足发展，有望应用于交直流混联电网的小扰动稳定性分析。

3. 时域仿真法

时域仿真法是一种通过仿真软件直接模拟系统动态的方法，能够直接给出系统中所有设备的运行状况、系统实时潮流及系统在小扰动发生后的过渡过程等。

所以，当数学模型足够精确时，时域仿真法在稳定性分析方法中精度最高[7]。但是，时域仿真法只能给出稳定性结论，而无法反应引起系统振荡及阻尼下降的主要原因，无法帮助研究人员理解其深层机理。因此，难以知道如何设计和改善系统运行状态。同时，精确的数学模型也意味着巨大的计算量，当系统规模过大时面临着计算速度过慢的问题。

4.1.3 小扰动稳定性分析实例

本节在 PSASP 平台上搭建由经典四机两区域模型改进来的交直流混联系统，如图 4-1 所示（S1、S2…为元件节点）。在该模型中，送端电网发电机组 G1、G2 与受端电网发电机组 G3、G4 的额定功率均为 700MW。送端电网的负荷 L_s 为 967MW，受端电网的负荷 L_r 为 1767MW。送端电网向受端电网传输的功率为 400MW，其中 200MW 通过直流线路传输，200MW 通过交流线路传输。

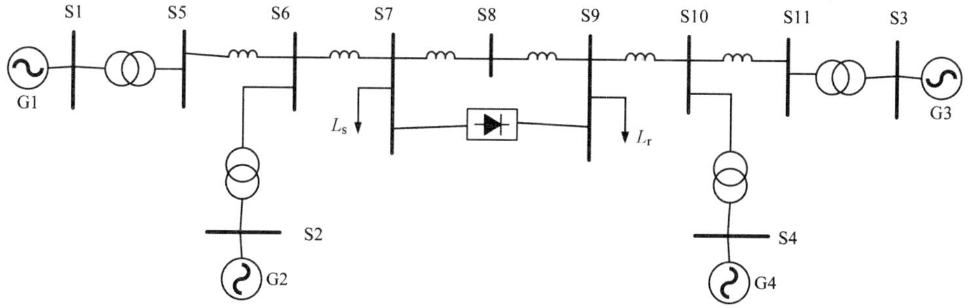

图 4-1　四机两区域交直流混联系统示意图

对上述系统使用模式分析法进行小扰动稳定性分析，可以得到该交直流混联系统的机电振荡模式。整理仿真结果见表 4-1。可以看到，该系统有 3 个机电振荡模式，实部均为负，该系统小干扰稳定。

表 4-1　交直流混联系统模式分析结果

模式	实部	虚部	频率
1	−0.006642	6.89326	1.0971
2	−0.021042	6.68694	1.06426
3	−0.030908	2.62922	0.418453

模式 1 主要体现为 G2 与 G1 机组之间的振荡，该模式的右特征向量如图 4-2 所示。

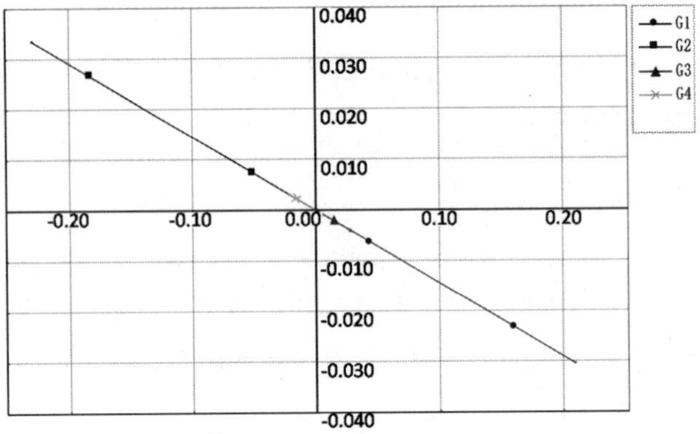

图 4-2 模式 1 的右特征向量

模式 2 主要体现为 G1 与 G3 机组之间的振荡，该模式的右特征向量如图 4-3 所示。

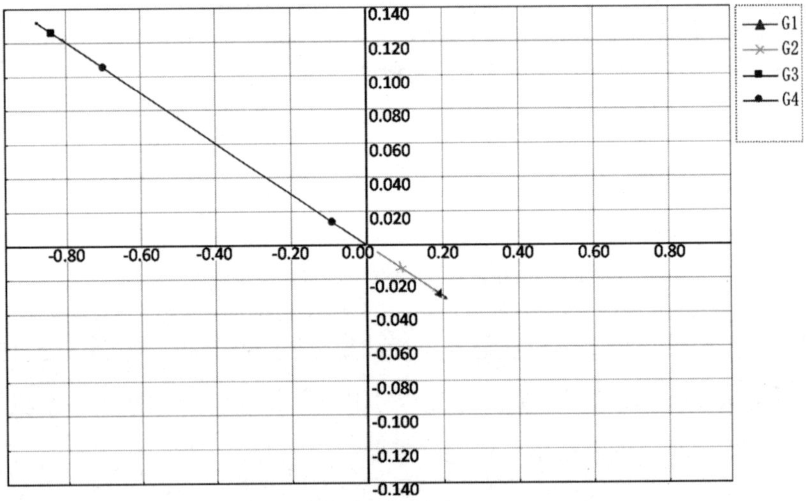

图 4-3 模式 2 的右特征向量

模式 3 主要体现为 G3 与 G4 机组之间的振荡，该模式的右特征向量如图 4-4 所示。

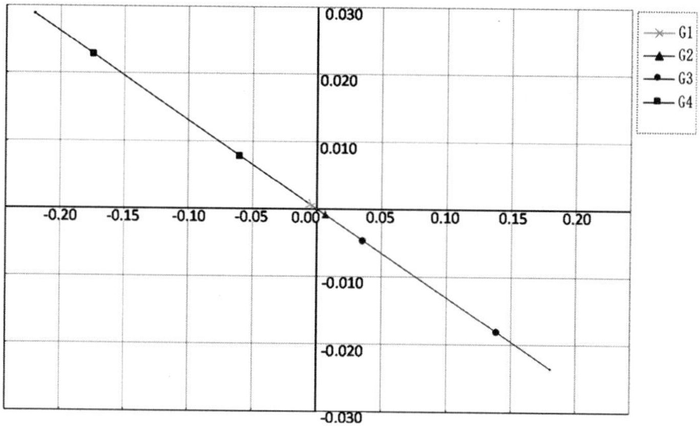

图 4-4 模式 3 的右特征向量

4.2 交直流混联电网大扰动稳定性分析

大扰动稳定性指电网在稳定运行状态下遭受大扰动，如负荷投切、短路故障等发生后，能够经过暂态过程恢复到新的稳态运行点的能力[8]。与小扰动稳定不同，电网在大扰动后偏离原稳态运行点程度通常较大，不适合采用线性化分析方法。因此，使用非线性方法分析和评估电力系统的暂态过程是大扰动稳定性分析的主要内容。

在传统交流系统中，稳定性问题是一个是否可以维持同步运行的判断。传统电力系统以同步发电机为主要电源，维持系统稳定运行的必要条件是所有同步发电机保持同步，该条件受到转子功角关系的影响[9]。在分析系统的暂态稳定性时，一般只需要分析系统在大扰动后第一个摇摆周期内（1～1.5s）的机电暂态过程即可判断系统能否维持暂态稳定。由于系统调速系统的惯性，在该时间段内原动机功率变化不大，因此可忽略调速系统的作用而假定原动机功率不变。此外，短时间内电机磁链变化也不显著，可以进一步进行简化。

在交直流混联系统的暂态稳定性分析中，需要分别考虑交流系统故障和直流系统故障对系统的影响。因为交流系统与直流系统之间的相互作用，暂态稳定问题将显著区别于传统交流系统[10]。

在各种交流系统故障中，受端电网三相短路故障对暂态稳定性的影响最为显著。受端电网三相短路故障可能导致直流系统逆变站发生换相失败，从而使直流反电压降低和直流电流升高。在此期间，直流的输送功率下降，导致送端电网和受端电网间严重的功率不平衡，引发大范围潮流转移。潮流转移可能导致各发电机功角摆开，引发系统暂态功角失稳及暂态电压失稳。

在各种直流系统故障中，直流永久闭锁故障对系统暂态稳定性影响最为显著。直流系统闭锁后，直流功率变为 0，因此导致的结果与直流系统换相失败相似，即受端电网与送端电网之间的功率不平衡。但是，直流换相失败通常只是暂时的，在故障切除后即可恢复，而直流闭锁将是长期性的。

以同步互联交直流混联电网为例，研究其暂态稳定的物理机理。当重要直流系统发生双极闭锁故障，或受端电网关键线路发生严重短路故障，导致多回直流系统发生换相失败时，送端电网同步发电机与受端电网同步发电机间的相对功角不断拉开，交直流混联系统可能发生暂态功角不稳定。当受端电网关键线路发生严重的短路故障，导致多回直流线路发生换相失败，故障清除后受端交流电网电压只能回复到较低的水平，且之后受端电网电压仍持续下降，进一步导致整个电网暂态电压失稳。一般而言，暂态电压失稳会导致系统功角失稳，而暂态功角及电压均稳定时，暂态频率稳定。

4.2.1 大扰动稳定性原理

下面以图 4-5 所示受送端同步互联的交直流混网简化模型为例说明大扰动稳定性问题的物理本质。该模型中，受端电网与送端电网间同时通过直流线路与交流线路连接，送端电网的发电机组以 G_s 等效，受端电网的发电机组以 G_r 等效，受送端的内部负荷分别用 L_r 与 L_s 表示。受端发电机得到直流站间的阻抗以 X_r 表示，送端发电机到直流站间的阻抗以 X_s 表示，送端电网到受端电网间的线路阻抗以 X_L 表示。

为便于分析，在图 4-5 所示的简化模型基础上，做出以下假设。

（1）受端与送端电网的发电机用二阶模型表示：

$$\begin{cases} \dot{\delta}_i = \omega_i - 1 \\ \dot{\omega}_i = \dfrac{1}{2H_i}(P_{mi} - P_{ei}) \\ \tilde{\boldsymbol{E}}'_i = \tilde{\boldsymbol{U}}_{ti} + jx'_{di}\tilde{\boldsymbol{I}}_{tj} \end{cases} \tag{4-7}$$

其中，δ_i为机组 i 的转子角；ω_i为转速；H_i为惯性时间常数；P_{mi}为发电机 i 的机械功率；P_{ei}为电磁功率；$\tilde{\boldsymbol{E}}'_i$为等值内电势；$x'_{di}$为 d 轴次暂态电抗；$\tilde{\boldsymbol{U}}_{ti}$为机端电压；$\tilde{\boldsymbol{I}}_{tj}$为机端电流。

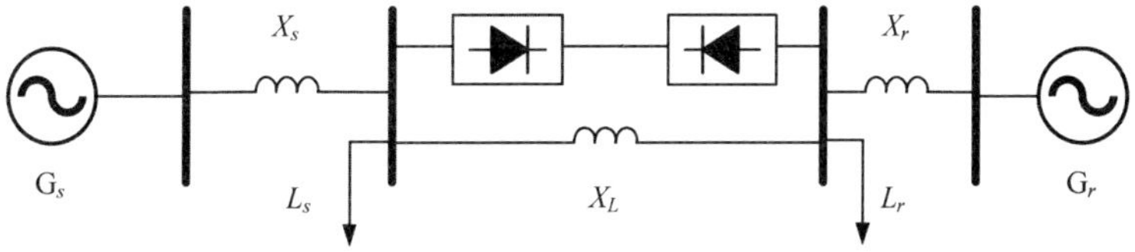

图 4-5 受送端同步互联交直流混联电网简化模型

（2）忽略暂态过程中发电机机械功率的变化，即假设P_{mi}在暂态过程中保持初始时刻的值P_{mi0}。

（3）受端与送端电网的负荷均视为恒功率负荷。

（4）忽略受端与送端电网的内部阻抗。因为受送端电网之间的交流线路阻抗值 X_T 通常远大于两端电网的内部阻抗$x'_{ds}+X_s$与$x'_{dr}+X_r$，对系统暂态稳定性起主导作用的是X_T，所以可以认为这个简化是合理的。

在上述假设条件下，列写系统的动态方程，以如下微分代数方程组表示：

$$\begin{cases} \ddot{\delta}_s = \dfrac{1}{2H_s}(P_{ms} - P_{es}) \\ \ddot{\delta}_r = \dfrac{1}{2H_r}(P_{mr} - P_{er}) \\ P_{es} = P_{Ls} + P_{ac} + P_{dc} \\ P_{er} = P_{Lr} - P_{ac} - P_{dc} \\ P_{ac} = P_{ac\max}\sin(\delta_s - \delta_r) \\ P_{ac\max} = E'_s E'_r / X_T \\ P_{dc} = P_{dc0} - \Delta P_{dc} \end{cases} \tag{4-8}$$

其中，P_{Ls}与P_{Lr}分别表示送端与受端电网的负荷功率；P_{dc}为直流线路上传输的功率；P_{dc0} 为直流线路上传输功率的初始值；ΔP_{dc} 为故障后直流线路传输功率的变化幅度；P_{ac} 为交流输电线路上传输的功率；$P_{ac\max}$ 为交流线路传输功率极限。对该两机系统进行进一步等值，得到

$$\ddot{\delta}_{sr}=\frac{1}{2H_{sr}}\left[\left(P_{msr}-P_{dc}-P_{Lsr}\right)-P_{ac}\right] \tag{4-9}$$

其中

$$\begin{cases} H_{\mathrm{sr}}=\dfrac{H_s H_r}{H_r+H_s} \\ \delta_{sr}=\delta_s-\delta_r \\ P_{msr}=\dfrac{H_r P_{ms}-H_s P_{mr}}{H_r+H_s} \\ P_{Lsr}=\dfrac{H_r P_{Lr}-H_s P_{Ls}}{H_r+H_s} \end{cases} \tag{4-10}$$

当该系统发生直流闭锁故障后，系统的功角特性曲线如图 4-6 所示。其中，δ_{sr0} 为发生直流闭锁故障前的稳态平衡点；δ_{sr*} 为故障后新的稳态平衡点。

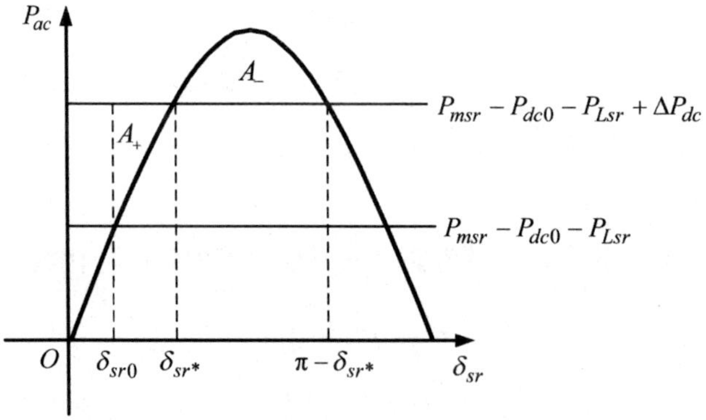

图 4-6 发生故障后交直流功角特性曲线

综合式（4-9）及式（4-10）进行分析，可知该交直流系统在故障期间的暂态稳定性具体表现如下。

阶段一。直流闭锁故障发生后，送端电网发电机的电磁功率骤降，高于机组的机械功率，导致送端发电机转速上升；同理，受端电网发电机电磁功率骤降，

低于机组的机械功率，导致受端电网发电机转速下降。因为送端电网机组转速快过受端电网机组，所以二者之间的功角差δ_{sr}将逐渐增大，交流线路输送的有功功率P_{ac}随之增大。从而，系统中大量潮流转移到交流线路上。在δ_{sr}数值达到δ_{sr*}前，由于送端电网发电机机械功率仍然大于其电磁功率，受端电网发电机机械功率仍小于其电磁功率，因此虽然两台发电机的功率差值虽然在减小，但还是会导致转速差的增大。

阶段二。δ_{sr}数值达到δ_{sr*}，受端与送端电网的机械功率与电磁功率平衡，转速变化的加速度减至0。此时，因为惯性的存在，δ_{sr}继续增大。

阶段三。δ_{sr}数值超过δ_{sr*}，送端电网的机械功率开始小于其电磁功率，转速开始下降；受端电网的机械功率开始大于其电磁功率，转速开始上升。此时，两台机组间的转速差开始减小，若系统在$[\delta_{sr},\pi-\delta_{sr}]$区间可用最大制动能量$A_-$大于其在$[\delta_{sr0},\delta_{sr*}]$区间的加速能量$A_+$，则功角差$\delta_{sr}$在达到不稳定平衡点前可以回摆，系统功角稳定；反之，δ_{sr}会继续增大。在δ_{sr}超过δ_{sr*}后，受送端发电机转速之差ω_{rs}将在过剩功率的作用下重新开始增大，系统将发生功角失稳。

4.2.2 大扰动稳定性分析方法

1. 时域仿真法

时域仿真法是指通过数值计算得到系统各变量随时间变化的曲线以判断暂态稳定性的方法。该方法保留了系统的非线性特征，同时体现了元件的动态特性，可以真实体现实际系统的特性，是研究大扰动稳定性的主要工具[11]。目前常见的仿真软件包括MATLAB/Simulink、PSCAD、PSASP、BPA及DIgSILENT等。但是，实际的交直流混联电网规模通常较大，同时因为电力电子开关频率较高，为准确反映其动态特性需要设置较小的仿真步长，使得时域仿真法计算量较大。对于大规模交直流电网，时域仿真法对仿真工具的计算速度有着较高要求，使用限制较多。

2. 非线性分析法

当前大扰动稳定性分析的主流是时域仿真法，但仅根据仿真结果无法得到系统稳定裕度、稳定性边界等信息，对交直流混联系统的稳定性机制也无法进行深入探索。因此，需要各种非线性分析法进行补充。当前的非线性分析法包括 Lyapunov 第二法、混合函数法、混沌理论等[12]。

Lyapunov 第二法又称直接法或能量函数法，主要通过构建一个 Lyapunov 函数判断非线性系统的稳定性。传统能量函数法以旋转设备动能及势能作为变量，不适用于直流系统。在考虑交直流混联电网各电子设备的特性改进 Lyapunov 函数后，可以分析交直流混联系统的稳定性。该方法的不足之处在于，为构建适用于交直流混联系统的 Lyapunov 函数需要对系统进行简化建模，使得其精度不足，仅适用于较小的系统。在更广泛的复杂电力系统暂态稳定分析中，暂无构建系统 Lyapunov 函数的有效方法。

4.2.3 大扰动稳定性分析实例

本节在 PSASP 平台上搭建如图 4-1 所示的由经典四机两区域模型改进而来的交直流混联系统，以时域仿真法分析系统暂态稳定性。在该模型中，送端电网发电机组 G1、G2 与受端电网发电机组 G3、G4 的额定功率均为 700MW。送端电网的负荷 L_s 为 967MW，受端电网的负荷 L_r 为 1767MW。送端电网向受端电网传输的功率为 400MW，其中 200MW 通过直流线路传输，200MW 通过交流线路传输。

在以下两种故障场景下测试该交直流混联系统的暂态稳定性。

（1）送端电网 B7 母线处 t=1s 时发生三相短路故障，至 t=1.1s 时切除。

（2）直流线路发生直流闭锁故障，故障在 t=1s 时发生，到 t=1.25s 时故障解除。

故障（1）下受送端 4 台发电机的功角曲线如图 4-7 所示，可以看出，故障后各发电机的功角均不断发生变化，但各发电机的功角变化趋势相近。由图 4-8 所示的功角差曲线可以进一步看出，G1 与 G3 之间的功角差曲线以及 G2 与 G4 之间的功角差曲线第一摆在 27°左右，随后开始回复。可知故障（1）下该交直流混联系统暂态功角稳定。

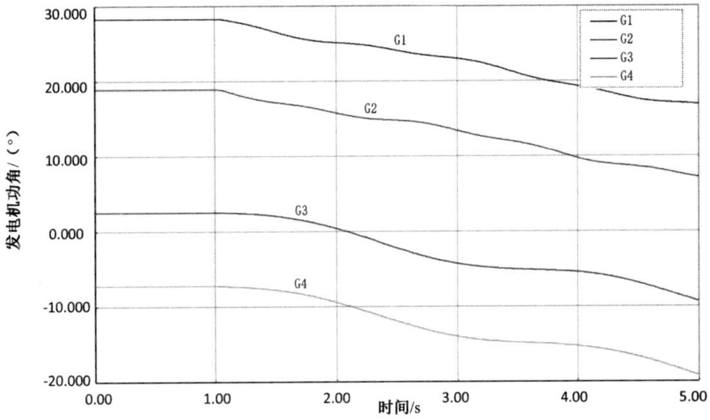

图 4-7　故障（1）下受送端 4 台发电机的功角曲线

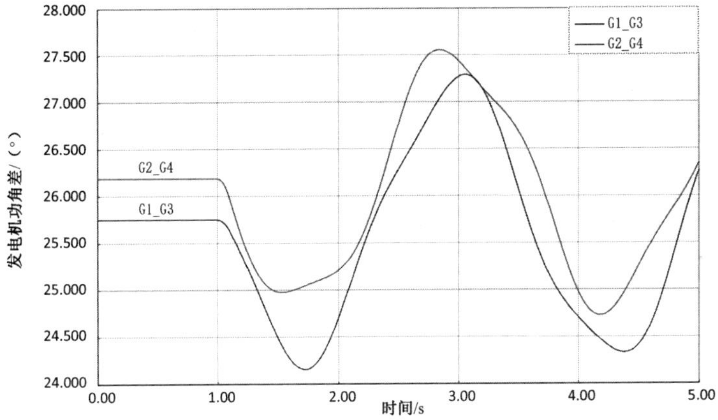

图 4-8　故障（1）下发电机功角差曲线

故障（1）下送端电网侧 S7 母线电压与受端电网侧 S9 母线的电压曲线如图 4-9 所示。可以看出，两处节点的电压在故障后瞬间下降，故障切除后开始进行减幅振荡，逐渐回归稳定状态。可知故障（1）下该交直流混联系统暂态电压稳定。

故障（2）下受送端 4 台发电机的功角曲线如图 4-10 所示。可以看出，故障后各发电机的功角均不断发生变化，但各发电机的功角变化趋势相近。由图 4-11 所示的功角差曲线可以进一步看出，G1 与 G3 之间以及 G2 与 G4 之间的功角差曲线第一摆在 53°左右，随后开始回复。可知故障（2）下该交直流混联系统暂态功角稳定。

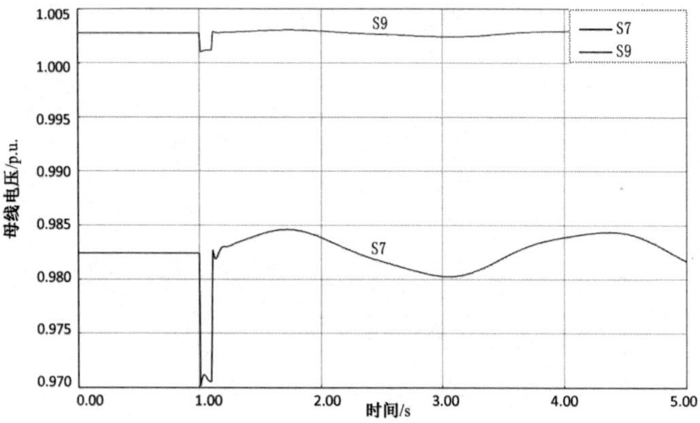

图 4-9　故障（1）下母线电压曲线

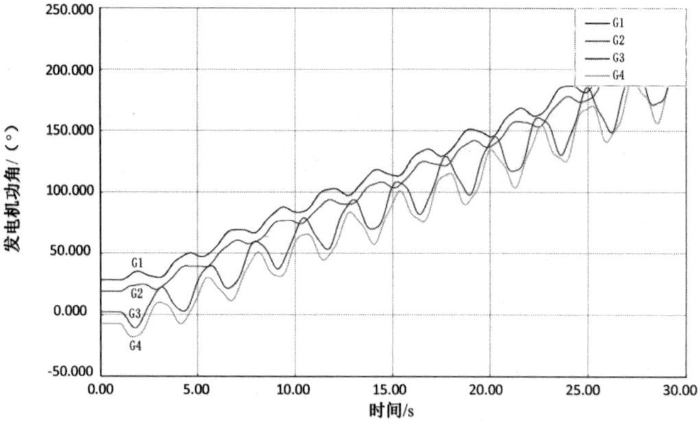

图 4-10　故障（2）下受送端 4 台发电机的功角曲线

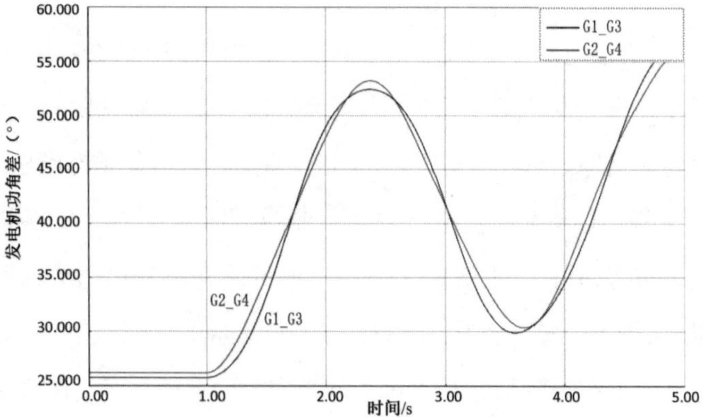

图 4-11　故障（2）下发电机功角差曲线

故障（2）下送端电网侧 S7 母线电压与受端电网侧 S9 母线的电压曲线如图 4-12 所示。可以看出，两处节点的电压在故障后瞬间下降，故障切除后开始进行增幅振荡，不能回归稳定状态。可知故障（2）下该交直流混联系统暂态电压不稳定。

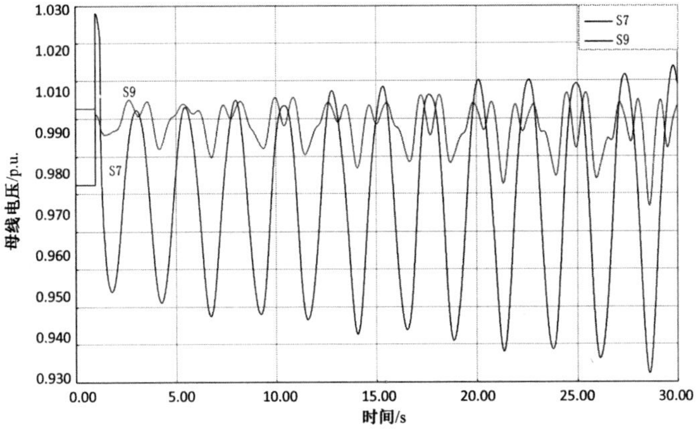

图 4-12　故障（2）下母线电压曲线

参考文献

[1] 黄弘扬. 交直流电力系统暂态稳定分析与控制问题研究[D]. 杭州：浙江大学，2014.

[2] 汤宏，吴俊玲，周双喜. 包含风电场电力系统的小干扰稳定分析建模和仿真[J]. 电网技术，2004，28（1）：38-41.

[3] 刘垚，孔力，邓卫，等. 交直流混联系统稳定性分析研究综述[J]. 电工电能新技术，2020，39（9）：36-47.

[4] 李晨辉，黄冬，刘国栋. 交直流混联系统小干扰稳定性分析[J]. 吉林电力，2019，47（03）：33-36.

[5] 李国庆，孙银锋，吴学光. 柔性直流输电稳定性分析及控制参数整定[J]. 电工技术学报，2017，32（6）：231-239.

[6] 付强，杜文娟，王海风．交直流混联电力系统小干扰稳定性分析综述[J]．中国电机工程学报，2018，38（10）：2829-2840．

[7] 范孟华，王成山，AJJARAPU V．基于递归投影方法的电力系统平衡点计算与小扰动稳定性分析[J]．中国电机工程学报，2011，31（16）：67-73．

[8] 顾伟，蒋平，唐国庆．提高电力系统大扰动稳定性的最优分岔控制策略[J]．电力自动化设备，2007，27（11）：12-17．

[9] 昆德．电力系统稳定与控制[M]．北京：中国电力出版社，2002．

[10] 李生福，张爱玲，李少华，等．“风火打捆”交直流外送系统的暂态稳定控制研究[J]．电力系统保护与控制，2015，43（01）：108-114．

[11] 徐政，李宁璨，肖晃庆，等．大规模交直流电力系统并行计算数字仿真综述[J]．电力建设，2016，37（02）：1-9．

[12] 金阳忻．直流配网电压控制及电压稳定性研究[D]．杭州：浙江大学电气工程学院，2016．

第 5 章　典型复杂大规模交直流电网案例（建模及稳定性分析）

5.1　研究边界条件

5.1.1　LCC-HVDC

湖南电网以 500kV 线路为主网架，拥有 1000kV 交流特高压变电站 1 座（长沙特），±800kV 特高压直流 2 条（酒湖直流、湘南直流）。其中，酒湖直流起点为甘肃酒泉，落点为韶山换流站。湘南直流尚在规划，起点为西北某省，落点在湘南换流站。在 2025 年夏大（指夏季大负荷，下同）运行方式下，湖南电网的主网架结构如图 5-1 所示。

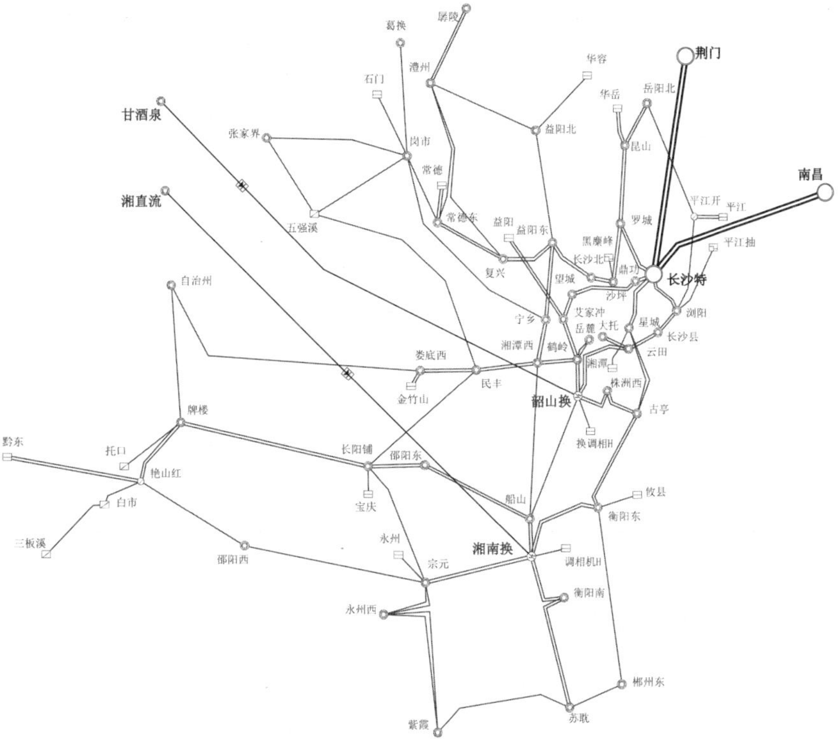

图 5-1　湖南电网 2025 年主网架结构

湖南电网与外部电网互联的线路如下。

（1）岗市－湖北葛换的单回 500kV 交流线路。

（2）澧州－孱陵的双回 500kV 交流线路。

（3）长沙特－荆州的双回 1000kV 交流线路。

（4）长沙特－南昌的双回 1000kV 交流线路。

（5）±800kV 酒湖特高压直流线路。

（6）±800kV 湘南特高压直流线路。

（7）艳山红－白市的单回 500kV 交流线路。

（8）艳山红－黔东电厂的双回 500kV 交流线路。

5.1.2 运行方式

在 2025 年夏大运行方式下，湖南电网总负荷为 44382MW，网内发电机总出力 29004MW，各地区的详细统计结果见表 5-1。可以看到，湖南负荷有约 35%的电力需求来自区外。区外直流中，酒湖直流送电 8000MW，湘南直流送电 8000MW。区外交流线路的送电功率见表 5-2。

表 5-1 各地区发电与负荷的统计结果

分区简称	发电/MW	负荷/MW
常	2192.5	3397.6
长	3500	11653
郴	500	2232
衡	600	3153
怀	4155	2126
娄	2100	2195
邵	1335	2241.2
潭	1500	96
湘	0	2075
益	2945	2437
永	2200	2050

续表

分区简称	发电/MW	负荷/MW
用	0	1820
岳	5520	4129
张	333	902
株	1964	2738
自	160	1138

表 5-2　区外交流线路的送电功率统计结果

联络线名称	有功功率（湖南受电为正）/MW
岗市—湖北葛换	501
澧州—孱陵	61.9×2
长沙特—荆州	–215×2
长沙特—南昌	295×2
艳山红—白市	1022
艳山红—黔东电厂	275×2

在 2025 年夏大运行方式下，湖南电网是一个受电比例高、直流输电功率大的电网。特高压直流的运行特性及其与交流电网的相互影响，将显著影响湖南电网的运行特性与安全稳定特性。

5.1.3　仿真计算模型与条件

各省电网中发电机均采用计及次暂态电势变化的详细模型，并考虑励磁机、原动机及其调速器的动态特性。仿真计算中，各大电网采用的负荷模型如表 5-3 所列。

表 5-3　各区域电网负荷模型

电网名称	负荷模型
湖南电网	35%恒阻抗、65%马达
湖北电网	35%恒阻抗、65%马达
四川电网	60%恒阻抗、40%马达
江西电网	50%恒阻抗、50%马达

续表

电网名称	负荷模型
重庆电网	60%恒阻抗、40%马达
华北电网	60%恒阻抗、40%马达
其余	略

在 5.3.1 节的仿真计算中，湖南电网的两回特高压直流考虑了采用两种不同接入方式/模型的情况。第一种是酒湖直流和湘南直流均采用同种常规直流模型，输送功率均设为 8000MW；第二种是酒湖直流采用常规直流模型，湘南直流则采用两端柔性直流模型，输送功率均设为 8000MW。

在 BPA 的潮流数据中，湘南直流所采用的柔直换流站模型被设置为模拟伪双极结构的柔性直流系统，如图 5-2 所示；换流站直流侧的控制方式设为非平衡站，换流站交流侧的控制方式设为定电压[1]。

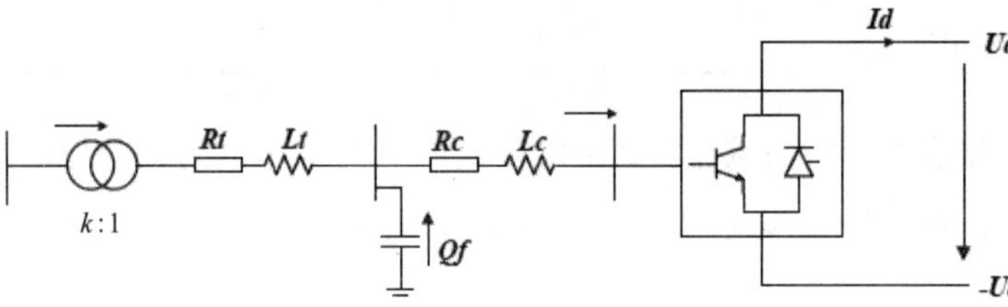

图 5-2 模拟伪双极结构的柔性直流系统示意图

在 BPA 的稳定数据中，湘南柔性直流系统的有功控制方式被设置为直流电压控制，无功控制方式被设置为交流电压控制，其控制框图分别如图 5-3 和图 5-4 所示。

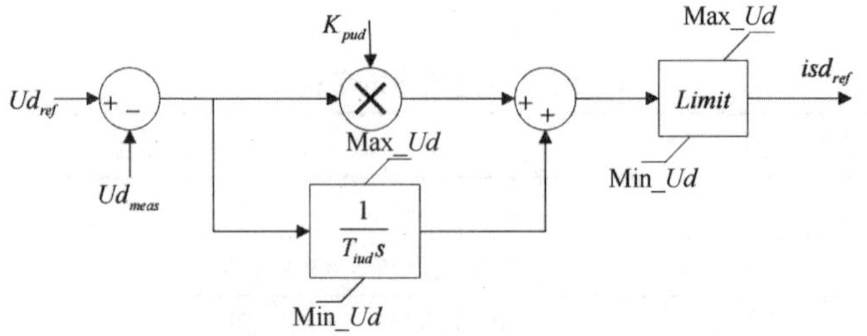

图 5-3 采用直流电压控制方式的柔性直流有功控制框图

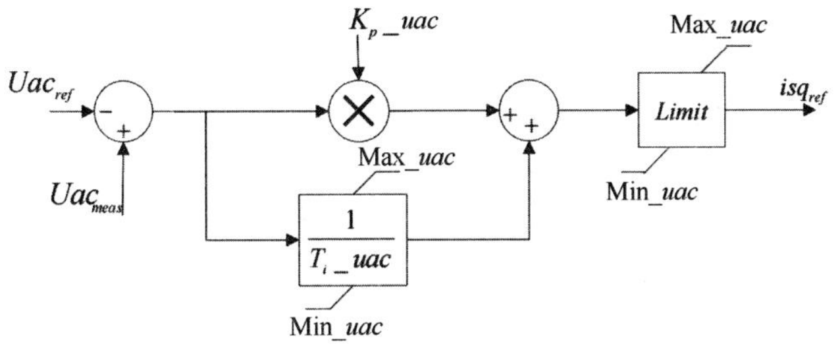

图 5-4　采用交流电压控制方式的柔性直流无功控制框图

两种直流控制系统模型的主要参数分别见表 5-4 和表 5-5。

表 5-4　常规直流控制系统模型（DA\DZ\DA#）主要参数

序号	名称	符号	单位	参数
1	最大触发角控制增益	G_max	p.u.	0.15
2	最大触发角控制时间常数	T_max	s	0.012
3	熄弧角参考值	$Gamma_{ref}$	(°)	17
4	定电压控制比例增益	Kp_vca	p.u.	10
5	定电压控制积分时间常数	Ti_vca	s	0.0004
6	VDCOL 启动电压	Udlow	p.u.	0.1
7	VDCOL 退出电压	Udhigh	p.u.	0.78
8	VDCOL 电压上升滤波时间常数	Udtup	s	0.022
9	VDCOL 电压下降滤波时间常数	Udtdn	s	0.02
10	重启动触发角	Alpha_res	(°)	60

表 5-5　柔性直流控制系统模型主要参数

序号	名称	符号	单位	参数
1	直流电压越限控制比例增益	Kp_Udlim	p.u.	5
2	直流电压越限控制积分时间常数	Ti_Udlim	s	0.01
3	交流电压控制比例增益	Kp_uac	p.u.	1
4	交流电压控制积分时间常数	Ti_uac	s	0.1
5	故障期间低压限流比例系数	KIU	p.u.	1.5

两种直流计算模型在 BPA 中的具体实现分别如图 5-5 至图 5-8 所示。

```
BD     甘酒泉P1 17510      4 300.    5.  120.       6000.甘酒泉换800.
BD     甘酒泉N1 17510      4 300.    5.  120.       6000.甘酒泉换800.
BD     湘湘潭P2 1591P      4 300.    5.  120.       6000.韶山换H 525.
BD     湘湘潭N2 1591P      4 300.    5.  120.       6000.韶山换H 525.
LD     甘酒泉P1 175 湘湘潭P2 159  6000   9.33 1178.        R4000.  800.  15.  17.
LD     甘酒泉N1 175 湘湘潭N2 159  6000   9.33 1178.        R4000.  800.  15.  17.
T      甘酒泉换800.  甘酒泉P1 175  4960        .00464                770.175.3
T      甘酒泉换800.  甘酒泉N1 175  4960        .00464                770.175.3
T      韶山换H 525.  湘湘潭P2 159  4538        .00419                525.158.5
T      韶山换H 525.  湘湘潭N2 159  4538        .00419                525.158.5
R      甘酒泉换800.1甘酒泉P1 175   甘酒泉P1 1759620473689
R      甘酒泉换800.1甘酒泉N1 175   甘酒泉N1 1759620473689
R      韶山换H 525.1湘湘潭P2 159   湘湘潭P2 1597087549875
R      韶山换H 525.1湘湘潭N2 159   湘湘潭N2 1597087549875
```

图 5-5　常规直流潮流计算模型

```
DA 甘酒泉P1 175.15 .01217. 11.710. .0004.85 .7  30. 30. 0.37.065 164..15 .034
DZ 甘酒泉P1 175 1 1 1 1.1  .78 .022.02 .345.1  .001130. 2.8 .011.055.87 .02    A
DA#甘酒泉P1 175 60.
DA 湘湘潭P2 159.15 .01217. 11.710. .0004.85 .7  30. 30. 0.37.065 80. .15 .034
DZ 湘湘潭P2 159 1 0 1 1.15 .8  .04 .015.345.1  .001130. 2.8 .01 .055.87 .02    A
DA#湘湘潭P2 159 60.
DA 甘酒泉N1 175.15 .01217. 11.710. .0004.85 .7  30. 30. 0.37.065 164..15 .034
DZ 甘酒泉N1 175 1 1 1 1.1  .78 .022.02 .345.1  .001130. 2.8 .011.055.87 .02    A
DA#甘酒泉N1 175 60.
DA 湘湘潭N2 159.15 .01217. 11.710. .0004.85 .7  30. 30. 0.37.065 80. .15 .034
DZ 湘湘潭N2 159 1 0 1 1.15 .8  .04 .015.345.1  .001130. 2.8 .01 .055.87 .02    A
DA#湘湘潭N2 159 60.
```

图 5-6　常规直流稳定计算模型

```
BZ     湘直流P1525.   4000          0.14 500 11000 0.015 1 .981 2
BZ+    湘直流P1525. 3890.         0 840. 840.          .10145  525.  43723
BZ     湘直流N1525.   4000          0.14 500 11000 0.015 1 .981 2
BZ+    湘直流N1525. 3890.         0 840. 840.          .10145  525.  43723

BZ     湘湘南P2525.   4000          0.14 500 11000 0.015 0 .981 2
BZ+    湘湘南P2525. -3890         1 840. 840.          .10145  525.  43723
BZ     湘湘南N2525.   4000          0.14 500 11000 0.015 0 .981 2
BZ+    湘湘南N2525. -3890         1 840. 840.          .10145  525.  43723

LZ     湘直流P1525. 湘湘南P2525.   1500  0.01 0.001   10.
LZ     湘直流N1525. 湘湘南N2525.   1500  0.01 0.001   10.
```

图 5-7　柔性直流潮流计算模型

```
DG 湘直流P1525.    0111      1.     0.01  5.0.01 0.2 -.2.668-.451073-1.1       1
DG+湘直流P1525.  5.0.011.050.951073-1.1 0.80.04          1.07-1.1.668-.45 1.81311
DG#湘直流P1525.  1. 0.1  1. -1.     00CQZW2   525. 0.40       0  1.101.
DGL湘直流P1525.1001      .85 .05.001  .9 .03 .01 1.5  .9  .8 10.  10.  20.
DGL湘直流P1525.2011       .7  .3.001 .75  .1 .01 1.5  .7999. 10.  10.  20.
DP 湘直流P1525.  21  1.17320.  1.3   6.   1.5 .005                         .04 999.
DP 湘直流P1525.  31  1.1    .7  1.3   .5                                   .04 999.
DP 湘直流P1525.  31    .7   3.    .5 .005                                  .04 999.

DG 湘直流N1525.    0111      1.     0.01  5.0.01 0.2 -.2.668-.451073-1.1       1
DG+湘直流N1525.  5.0.011.050.951073-1.1 0.80.04          1.07-1.1.668-.45 1.81311
DG#湘直流N1525.  1. 0.1  1. -1.     00CQZW1   525. 0.40       0  1.101.
DGL湘直流N1525.1001      .85 .05.001  .9 .03 .01 1.5  .9  .8 10.  10.  20.
DGL湘直流N1525.2011       .7  .3.001 .75  .1 .01 1.5  .7999. 10.  10.  20.
DP 湘直流N1525.  21  1.17320.  1.3   6.   1.5 .005                         .04 999.
DP 湘直流N1525.  31  1.1    .7  1.3   .5                                   .04 999.
DP 湘直流N1525.  31    .7   3.    .5 .005                                  .04 999.


DG 湘湘南P2525.    1111      1.       1.  5.0.01 0.2 -.2.668-.451073-1.1       1
DG+湘湘南P2525.  5.0.011.050.951073-1.1 0.80.04          1.07-1.1.668-.45 1.81311
DG#湘湘南P2525.  2.0.01  1. -1.  5.00HBSW2   525. 0.40       0  1.101.
DGL湘湘南P2525.1001      .85 .05.001  .9 .03 .01 1.5  .9  .8 10.  10.  20.
DGL湘湘南P2525.2011       .7  .3.001 .75  .1 .01 1.5  .7999. 10.  10.  20.
DP 湘湘南P2525.  21  1.17320.  1.3   6.   1.5 .005                         .04 999.
DP 湘湘南P2525.  31  1.1    .7  1.3   .5                                   .04 999.
DP 湘湘南P2525.  31    .7   3.    .5 .005                                  .04 999.

DG 湘湘南N2525.    1111      1.       1.  5.0.01 0.2 -.2.668-.451073-1.1       1
DG+湘湘南N2525.  5.0.011.050.951073-1.1 0.80.04          1.07-1.1.668-.45 1.81311
DG#湘湘南N2525.  2.0.01  1. -1.  5.00HBSW1   525. 0.40       0  1.101.
DGL湘湘南N2525.1001      .85 .05.001  .9 .03 .01 1.5  .9  .8 10.  10.  20.
DGL湘湘南N2525.2011       .7  .3.001 .75  .1 .01 1.5  .7999. 10.  10.  20.
DP 湘湘南N2525.  21  1.17320.  1.3   6.   1.5 .005                         .04 999.
DP 湘湘南N2525.  31  1.1    .7  1.3   .5                                   .04 999.
DP 湘湘南N2525.  31    .7   3.    .5 .005                                  .04 999.
```

图 5-8　柔性直流稳定计算模型

5.1.4 故障模拟及时序

分析计算中所涉及的交直流故障类型及其模拟时序分别如下。

（1）500kV 线路三永 N-1。0.2s 线路发生三相金属性接地短路故障，近故障侧断路器 0.29s 跳闸，远故障侧断路器 0.3s 跳闸，开断故障线路。

（2）500kV 线路三永 N-2。0.2s 并联双回线路中的一回发生三相金属性接地短路故障，故障线路近故障侧断路器 0.29s 跳闸，远故障侧断路器 0.3s 跳闸，开断故障线路；同时，并联一回无故障线路两侧断路器跳闸。

（3）500kV 线路三相短路单相开关拒动。0.1s 线路发生三相金属性短路故障，故障侧 0.2s 跳开两相，一相开关拒动，对侧 0.2s 跳开三相；0.5s 故障侧失灵保护动作，跳开故障线路。

（4）异名相间短路。0.2s 并联双回线发生异名短路，0.3s 并联双回线两侧开关同时跳开。

（5）直流单极闭锁。0.2s 直流发生单极闭锁故障，0.3s 切除逆变站一半容量的滤波电容器。

（6）直流双极闭锁。0.2s 直流发生双极闭锁故障，0.3s 切除逆变站全部容量的滤波电容器。

（7）直流再启动。直流单极 2 次再启动成功，单极直流功率 900ms 恢复到 90%以上额定功率；直流单极 2 次再启动失败，650ms 单极闭锁，950ms 切除一半滤波器，950ms 安控装置动作[2]。

直流单极 2 次全压、1 次降压再启动成功，单极直流功率 1250ms 恢复到 70%以上额定功率；直流单极 2 次全压、1 次降压再启动失败，1000ms 单极闭锁，1300ms 切除一半滤波器，1300ms 安控装置动作。

直流双极 1 次再启动成功，双极直流功率 550ms 恢复到 90%以上额定功率；直流双极 1 次再启动失败，双极 300ms 闭锁，600ms 切除全部滤波器，600ms 采取安控措施。

直流双极 2 次再启动成功，双极直流功率 900ms 恢复到 90%以上额定功率；

直流双极 2 次再启动失败，双极 650ms 闭锁，950ms 切除全部滤波器，950ms 采取安控措施。

直流双极 2 次全压、1 次降压再启动成功，双极直流功率 1250ms 恢复到 70% 以上额定功率；直流双极 2 次全压、1 次降压再启动失败，1000ms 单极闭锁，1300ms 切除一半滤波器，1300ms 安控装置动作。

5.1.5 稳定性要求及实用判据

依据《电力系统安全稳定导则》和《国家电网公司电力系统安全稳定计算规定》，判断扰动后系统是否能够维持稳定运行，需要考察系统受扰后的动态行为是否满足暂态稳定性、动态稳定性、电压稳定性和频率稳定性的相应要求。

暂态稳定性、动态稳定性、电压稳定性以及频率稳定性的具体要求及其判据分别如下所述。

（1）暂态稳定性要求及其实用判据。

1）暂态稳定性要求：电力系统受到大扰动后，各同步发电机能够保持同步运行并过渡到新的或恢复到原来的稳态运行方式。

2）暂态稳定实用判据：电力系统遭受每一次大扰动后，引起电力系统各机组之间功角相对增大，在经过第一或第二个振荡周期不失步，做同步的衰减振荡，系统中枢点电压逐渐恢复。

（2）动态稳定性要求及其实用判据。

1）动态稳定性要求：电力系统受到小的或大的扰动后，在自动调节和控制装置的作用下，能够保持长过程的稳定运行。

2）动态稳定实用判据：电力系统受到小的或大的扰动后，在动态摇摆过程中发电机相对功角和输电线路功率呈衰减振荡状态，电压和频率能恢复到允许的范围内。

（3）电压稳定性要求及其实用判据。

1）电压稳定性要求：电力系统受到小的或大的扰动后，系统电压能够保持或恢复到允许的范围内，不发生电压崩溃。

2）电压失稳实用判据：母线电压下降，平均值持续低于限定值；通常取负荷母线在暂态过程中能够恢复到0.8p.u.，在中长期过程中能够恢复到0.9p.u.以上。

（4）频率稳定性要求及其实用判据。频率稳定性要求：电力系统发生有功功率扰动后，系统频率能够保持或恢复到允许的范围内，不发生频率崩溃[3]。

频率稳定性实用判据可从以下3个方面考虑。

1）在任何情况下的频率下降过程中，应保证系统低频值与所经历的时间能与运行中机组的自动低频保护和联合电网间联络线的低频解列保护相配合，频率下降的最低值还必须大于核电厂冷却介质泵低频保护的整定值，以及直流系统对频率的要求，并留有一定的裕度。

2）低频减载动作后，应使运行系统稳态频率恢复到正常水平[4]。如果系统频率长时间悬浮在低于49.0Hz的水平，则应考虑长延时的特殊轮的配置和动作情况。

3）孤岛系统频率升高或因切负荷引起恢复时的频率过调，其最大值不应超过51Hz，且必须与运行中机组的过频率保护相协调，并留有一定裕度，避免高度自动控制的大型汽轮机组在过频率过程中可能误断开，或超速保护OPC动作，进一步扩大事故。

5.2 交直流不同故障形态对湖南电网运行特性的影响

5.2.1 特高压直流近区交流线路短路故障对湖南电网的影响

在湖南电网2025年夏大运行方式下，对酒湖直流、湘南直流近区双回500kV交流线路进行三永N-2扫描。故障设置如下：500kV线路一侧发生三相永久短路故障，故障后0.09s跳开该线路近故障侧三相开关；故障后0.1s跳开该线路另一侧三相开关，同时跳开另一回线路。计算结果见表5-6。仿真结果表明，上述线路发生三永N-2故障，保护元件正确动作，系统可保持暂态稳定运行，母线电压在合理范围内，频率能恢复到50Hz。

表 5-6 交流 N-2 故障及计算结果

断面	线路名称	计算结果
一级断面	韶山换—鹤龄（双回）	稳定
	韶山换—云田（双回）	稳定
	韶山换—株洲西（双回）	稳定
	湘南换—船山（双回）	稳定
	湘南换—衡阳东（双回）	稳定
	湘南换—衡阳南（双回）	稳定
二级断面	鹤龄—岳麓（双回）	稳定
	鹤龄—艾家冲（双回）	稳定
	鹤龄—湘潭西（双回）	稳定
	云田—大托（双回）	稳定
	云田—长沙县（双回）	稳定
	株洲西—古亭（双回）	稳定
	船山—邵阳东（双回）	稳定
	衡阳东—石亭（双回）	稳定
	衡阳南—苏耽（双回）	稳定
	宗元—永州西（双回）	稳定

以三永 N-2 故障发生“船山 H—邵阳东 H”500kV 线路船山侧为例，仿真结果如图 5-9 至图 5-11 所示。图 5-9 表明，故障期间，发电机功角显著变化；故障后，功角能快速收敛，系统功角稳定。图 5-10 表明，故障期间，近区母线电压跌落到 0；故障后，电压能迅速恢复到 1.0p.u.左右，未出现电压失稳现象。图 5-11 表明，故障期间，系统频率显著变化；故障后，系统频率能恢复到 50Hz，没有

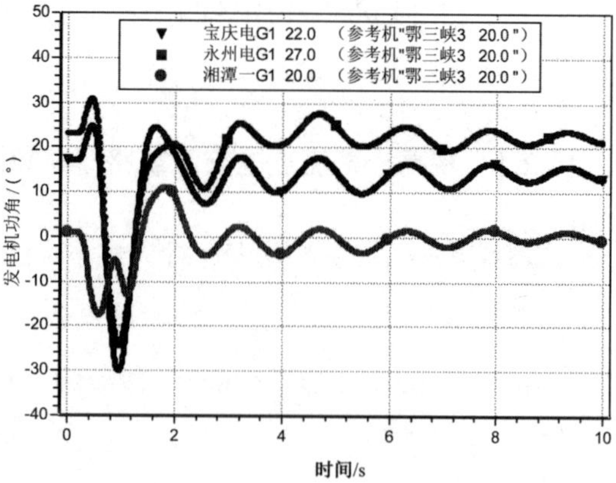

图 5-9 湖南电网发电机功角

出现高频、低频现象。

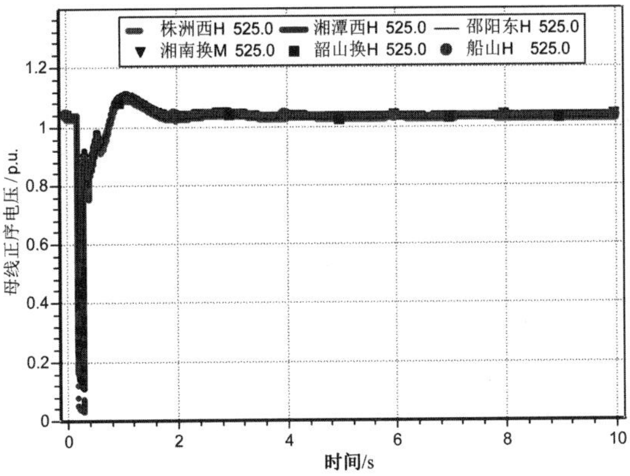

图 5-10　湖南电网母线电压

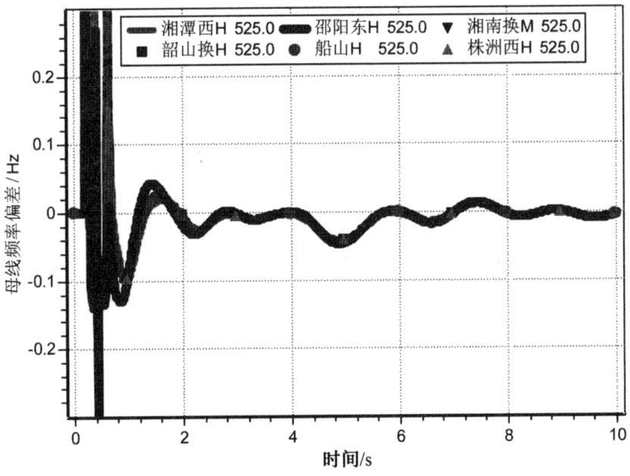

图 5-11　湖南电网频率

5.2.2　特高压直流暂态运行特性对湖南电网的影响

直流发生故障后，其有功功率、无功功率发生显著变化，将对湖南电网形成巨大的功率冲击，有可能引起湖南电网发生电压失稳，甚至引发长南线解列。本小节将分析两条直流同时换相失败对湖南电网安全稳定性的影响。

故障设置为“船山 H—湘南换 M”500kV 线路船山侧 N-2 故障。故障期间，酒湖直流与湘南直流同时发生了换相失败；故障结束后，两条直流均恢复正常运行。在整个事件过程中，湖南电网的功角、电压、频率、长南线电压与长南线功率变化分别如图 5-12 至图 5-16 所示。图 5-12 表明，故障期间，发电机功角显著变化；故障后，功角能快速收敛，系统功角稳定。图 5-13 表明，故障期间，近区母线电压跌落到 0；故障后，电压能迅速恢复到 1.0 p.u.左右，未出现电压失稳现象。图 5-14 表明，故障期间，系统频率显著变化；故障后，系统频率能恢复到 50Hz，没有出现高频、低频现象。图 5-15 表明长南线两侧母线电压波动幅值较小。图 5-16 表明故障初期长南线功率在 400～1100MW 之间摆动，但能够收敛，不会引起解列。

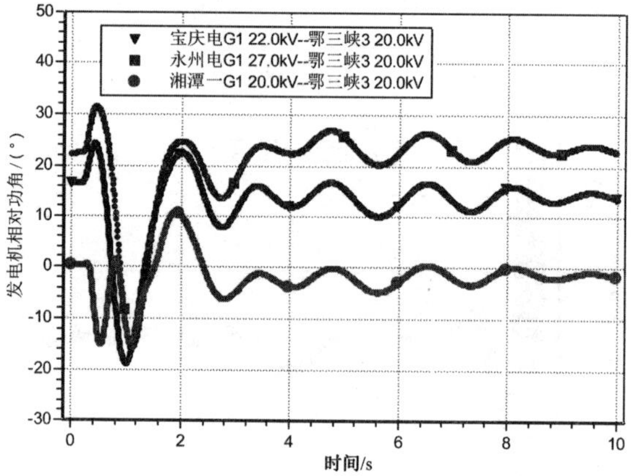

图 5-12　湖南电网发电机功角

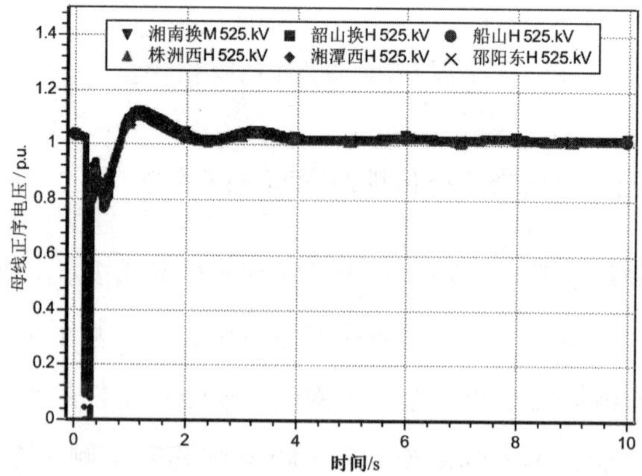

图 5-13　湖南电网母线电压

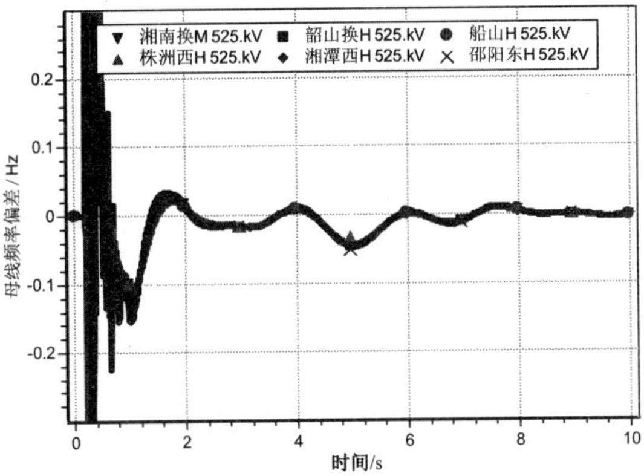

图 5-14　湖南电网频率

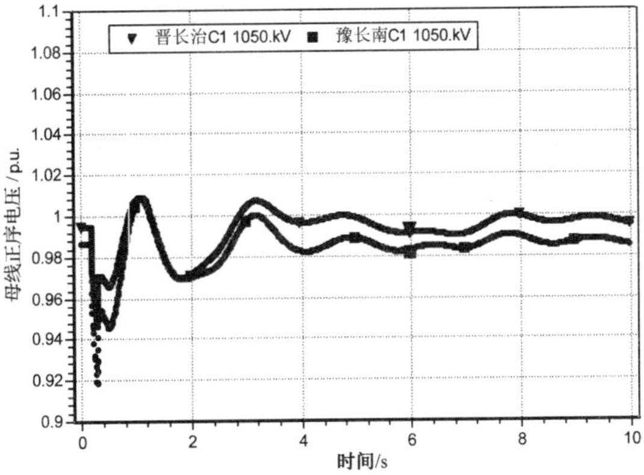

图 5-15　长南线电压

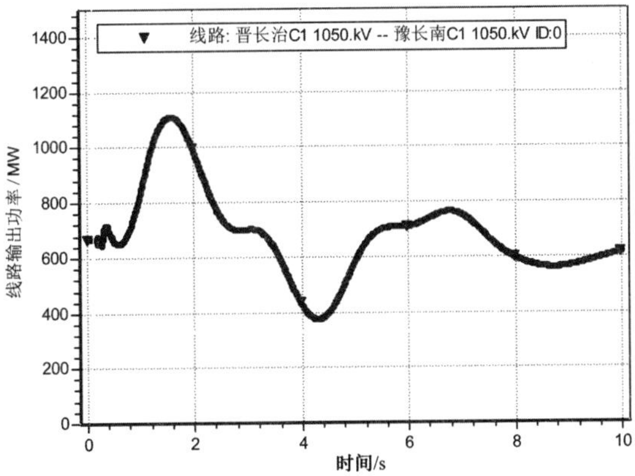

图 5-16　长南线功率

5.2.3 对称短路故障——500kV 线路 N-2 故障

湘南直流的湘南换与酒湖直流的韶山换均与船山站直接相连。故障点位置在“船山 H—湘南换 M”500kV 线路船山侧，类型为三永 N-2 故障，接地电抗为 0，其电气距离至湘南换、韶山换较近，能够造成电压显著降低。

在上述故障条件下，机电-电磁混合仿真的结果如图 5-17 至图 5-20 所示。

图 5-17 显示，湘南直流的湘南换与酒湖直流的韶山换交流电压均显著降低。其中，湘南换降低到 0.1p.u.，韶山换降低到 0.58p.u.。图 5-18 显示，酒湖直流与湘南直流同时发生了换相失败，持续时间为 100ms。由于出现了同时换相失败，酒湖直流有功率从 7500MW 急剧跌落到 0；湘南直流的有功功率从 7500MW 跌落到–2000MW，详细的有功功率变化过程如图 5-19 所示。在故障期间，酒湖直流向湖南电网注入的无功功率最高达到约 5000Mvar；湘南直流向湖南电网注入的无功功率最高达到约 4800Mvar，详细的无功功率变化过程如图 5-20 所示。两条直流向湖南电网注入的无功功率最高达到 9800Mvar，湖南电网面临过电压威胁。

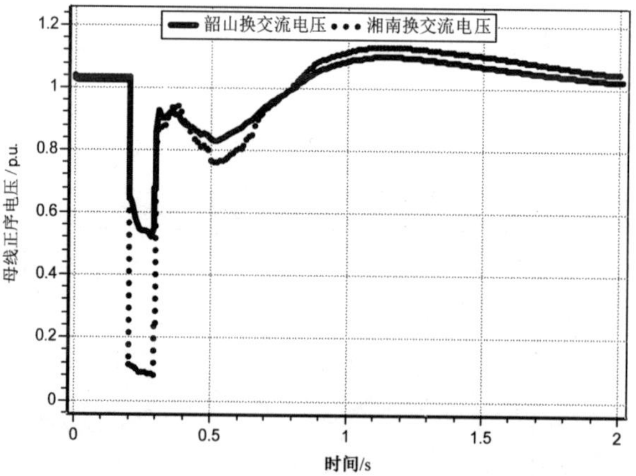

图 5-17 韶山换与湘南换的交流电压

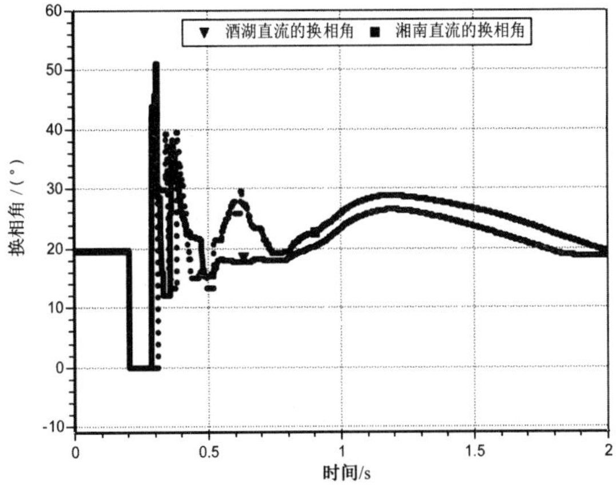

图 5-18　酒湖直流与湘南直流的换相角

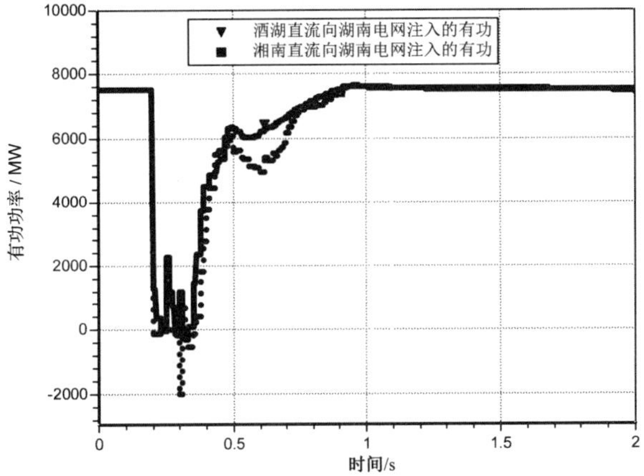

图 5-19　酒湖直流与湘南直流的有功功率

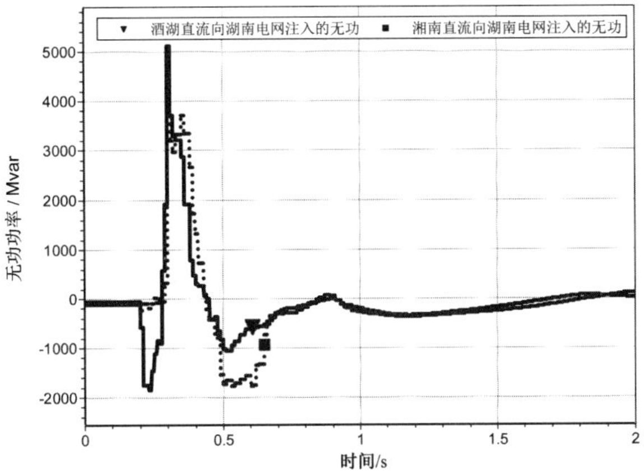

图 5-20　酒湖直流与湘南直流注入的无功功率

5.2.4 对称短路故障——1000kV 线路 N-2 故障

故障点位置在“晋长治—豫南阳”1000kV 线路长治侧（华中侧），类型为三永 N-2 故障，接地电抗为 0。

在上述故障条件下，机电-电磁混合仿真的结果如图 5-21 至图 5-24 所示。

图 5-21 显示，湘南直流的湘南换与酒湖直流的韶山换交流电压略微降低。其中，湘南换降低到 0.96p.u.，韶山换降低到 0.92p.u.。图 5-22 显示，酒湖直流与湘南直流没有出现换相失败。酒湖直流有功率从 7500MW 跌落到 6800MW；湘南直流的有功功率从 7500MW 跌落到 7000MW，详细的有功功率变化过程如图 5-23 所示。在故障期间，酒湖直流向湖南电网吸收的无功功率最高达到约 750Mvar；湘南直流向湖南电网吸收的无功功率最高达到约 500Mvar，详细的无功功率变化过程如图 5-24 所示。两条直流向湖南电网吸收的无功功率最高达到 1250var。

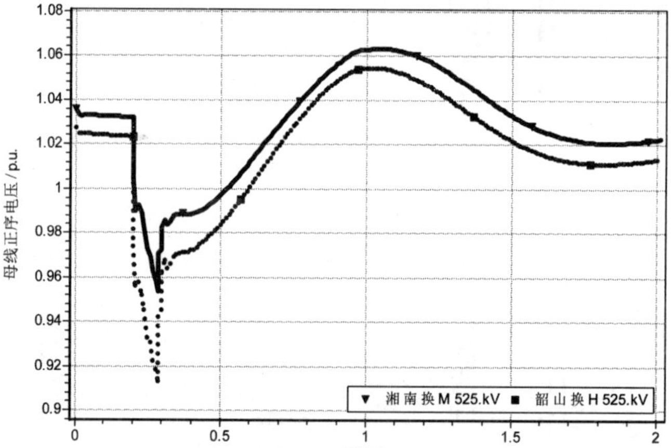

图 5-21 韶山换与湘南换的交流电压

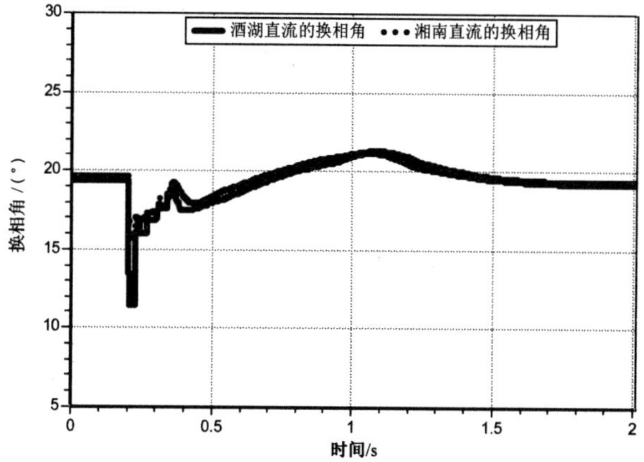

图 5-22　酒湖直流与湘南直流的换相角

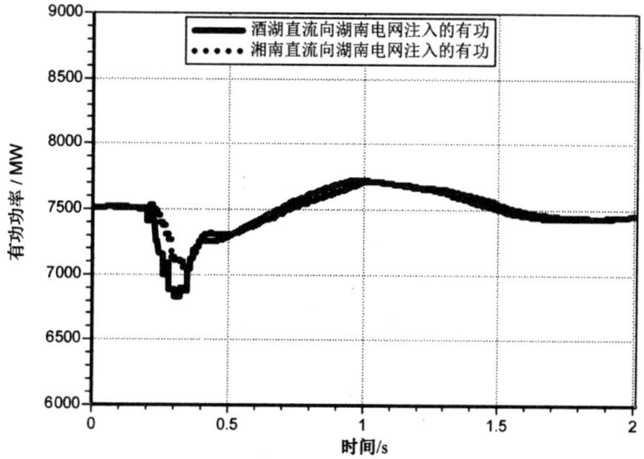

图 5-23　酒湖直流与湘南直流的有功功率

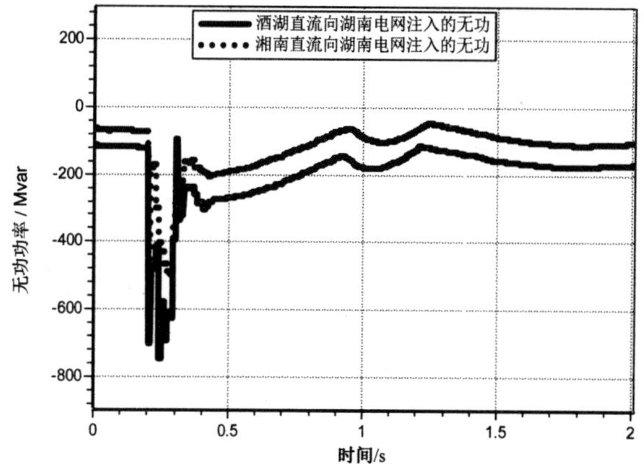

图 5-24　酒湖直流与湘南直流的无功功率

5.2.5 不对称短路故障——同塔双回异名相短路故障

湘南直流的湘南换与酒湖直流的韶山换均与船山站直接相连。故障点位置在“船山 H—湘南换 M”500kV 线路船山侧，类型为 AB 相间短路故障，其电气距离至湘南换、韶山换较近，能够造成电压显著降低。

在上述故障条件下，机电-电磁混合仿真的结果如图 5-25 至图 5-28 所示。

图 5-25 显示，湘南直流的湘南换与酒湖直流的韶山换交流电压均显著降低。其中，湘南换降低到 0.5p.u.，韶山换降低到 0.7p.u.。图 5-26 显示，酒湖直流与湘南直流同时发生了换相失败，持续时间为 100ms。由于出现了同时换相失败，酒湖直流有功率从 7500MW 急剧跌落到 0；湘南直流的有功功率从 7500MW 跌落到 –1900MW，详细的有功功率变化过程如图 5-27 所示。在故障期间，酒湖直流向湖南电网注入的无功功率最高达到约 6000Mvar；湘南直流的向湖南电网注入的无功功率最高达到约 5000Mvar，详细的无功功率变化过程如图 5-28 所示。两条直流向湖南电网注入的无功功率最高达到 11000Mvar。

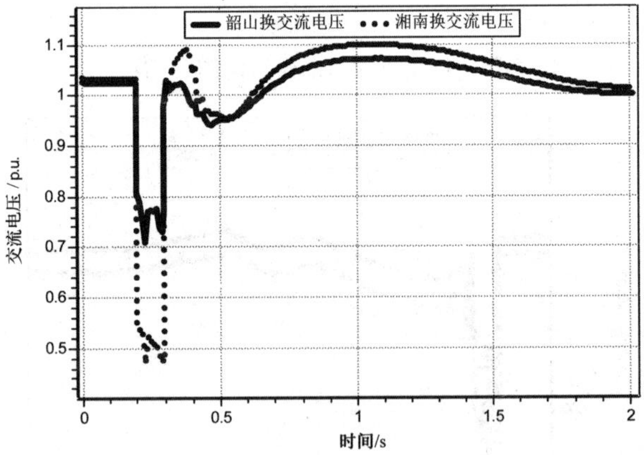

图 5-25 韶山换与湘南换的交流电压

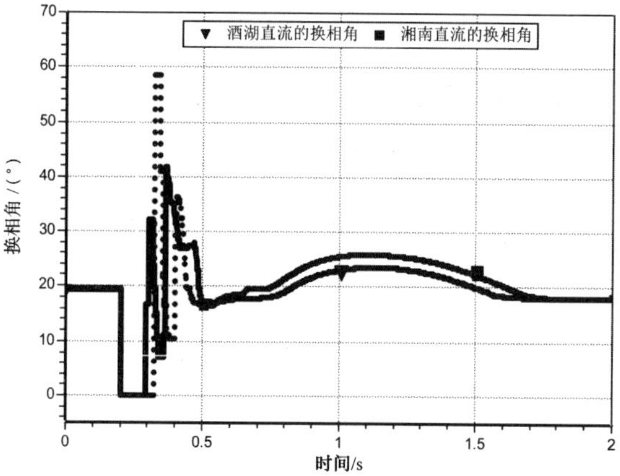

图 5-26　酒湖直流与湘南直流的换相角

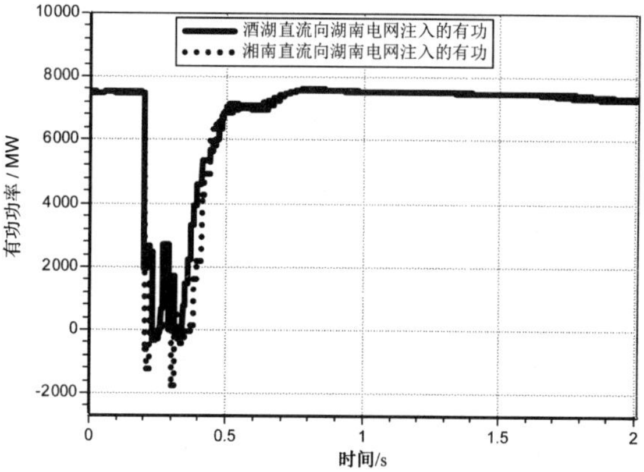

图 5-27　酒湖直流与湘南直流的有功功率

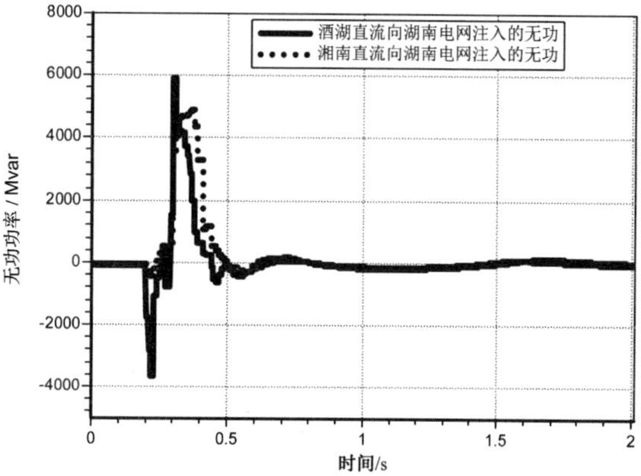

图 5-28　酒湖直流与湘南直流的无功功率

5.3 多回特高压直流接入后湖南电网安全稳定特性

5.3.1 特高压直流接入方式

分析直流受端近区线路发生三永 N-2 故障后 500kV 站点母线电压恢复情况可知，相较于 LCC-HVDC 接入方式，湘南直流采用 VSC-HVDC 接入方式，各站点交流母线电压均能从最低点更快地回升，电压恢复时间更短，系统电压暂态运行特性更优，且柔直无功控制方式应采用定交流电压控制方式。具体如图 5-29 至图 5-31 所示。

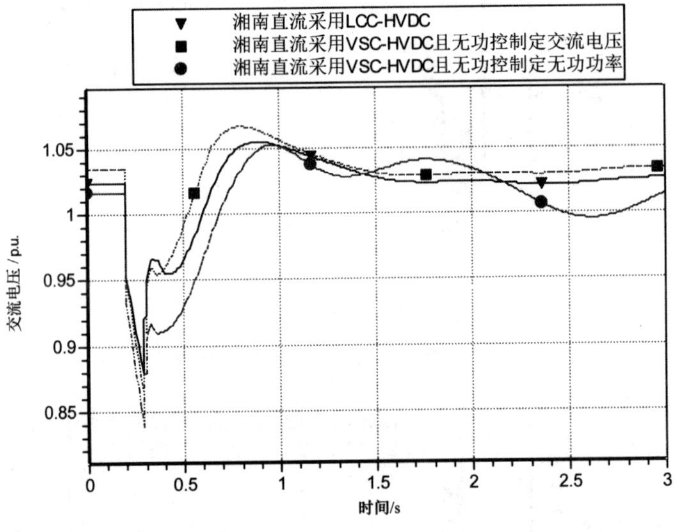

图 5-29 湘南换一衡阳东三永 N-2 故障（衡阳东侧）下常德东站母线电压

本节接下来将以湘南直流受端近区的 500kV 交流线路发生三永 N-1、N-2 故障为例，讨论湘南柔直系统无功控制采用无功功率控制方式的暂态运行特性，并对比两种不同的无功控制方式对系统稳定性的影响。

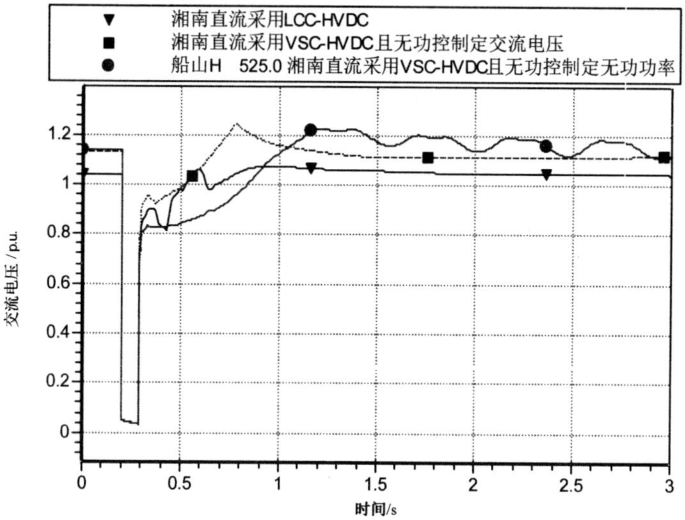

图 5-30 邵阳东一船山三永 N-2 故障（船山侧）下船山站母线电压

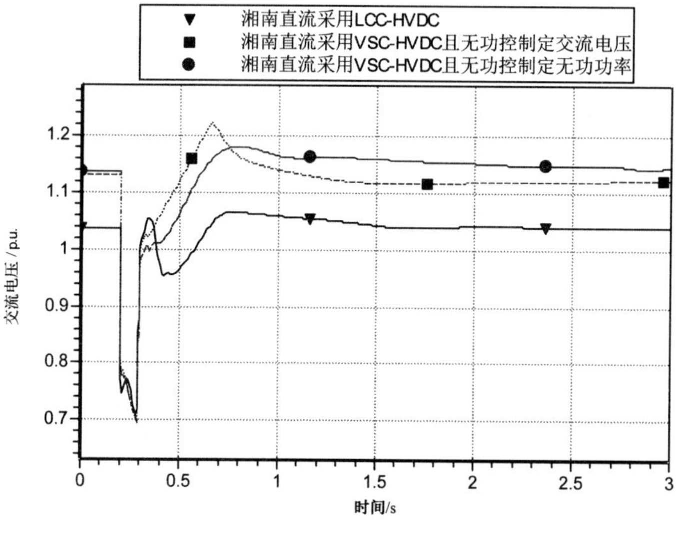

图 5-31 苏耽一衡阳南三永 N-2 故障（苏耽侧）下船山站母线电压

湘南换一衡阳东 500kV 线路在湘南换侧发生三永 N-1 故障时，若湘南柔直系统无功控制采用了交流电压控制方式，则系统能保持功角、电压、频率稳定；若湘南柔直系统无功控制采用了无功功率控制方式，系统功角、电压、频率的暂态特性均显著恶化，结果对比如图 5-32 至图 5-34 所示。

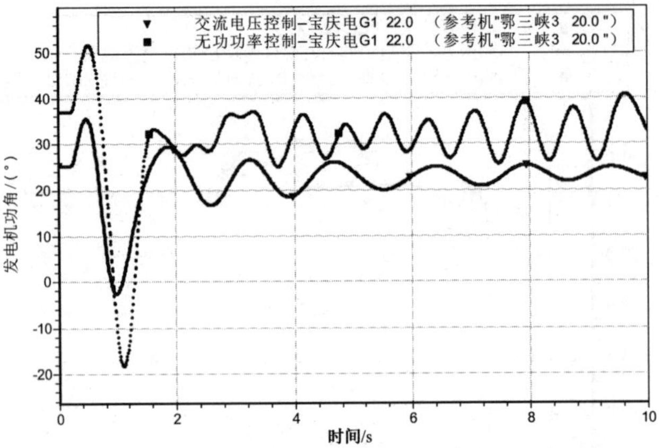

图 5-32 湘南换－衡阳东三永 N-1 故障下湖南机组功角曲线对比

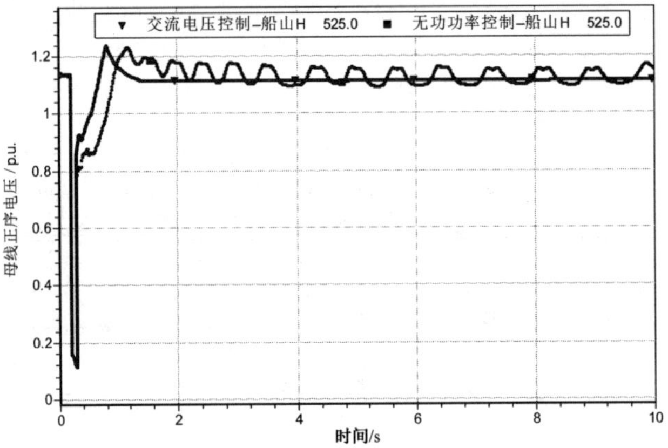

图 5-33 湘南换－衡阳东三永 N-1 故障下湖南节点电压曲线对比

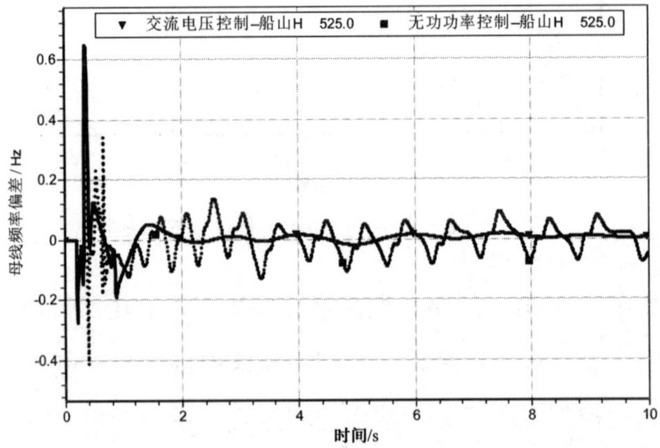

图 5-34 湘南换－衡阳东三永 N-1 故障下湖南母线频率偏差曲线对比

湘南换一船山 500kV 线路在船山侧发生三永 N-2 故障时，若湘南柔直系统无功控制采用了交流电压控制方式，则系统能保持功角、电压、频率稳定；若湘南柔直系统无功控制采用了无功功率控制方式，则系统功角、电压、频率的暂态特性均显著恶化，结果对比如图 5-35 至图 5-37 所示。

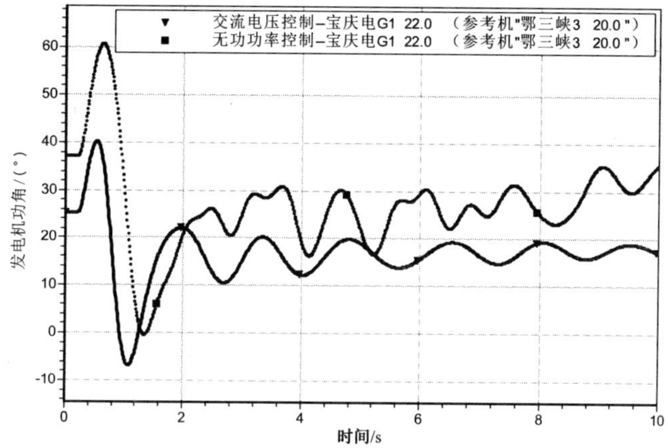

图 5-35　湘南换一船山三永 N-2 故障下湖南机组功角曲线对比

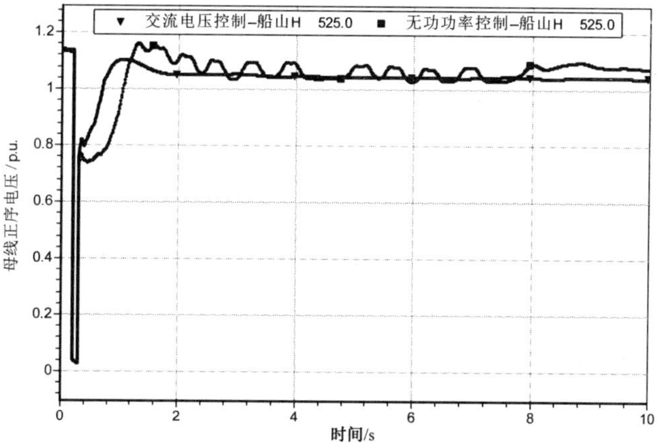

图 5-36　湘南换一船山三永 N-2 故障下湖南节点电压曲线对比

综上，湘南柔直系统的无功控制若采用无功功率控制方式，则湘南直流受端近区 500kV 线路三永 N-1 故障时系统会发生功角失稳，并且电压和频率会发生振荡，系统暂态稳定性较差；湘南柔直系统的无功控制若采用交流电压控制方式，则湘南直流受端近区 500kV 线路的三永 N-1、N-2 故障扫描结果均显示系统故障后能维持功角、电压、频率稳定。

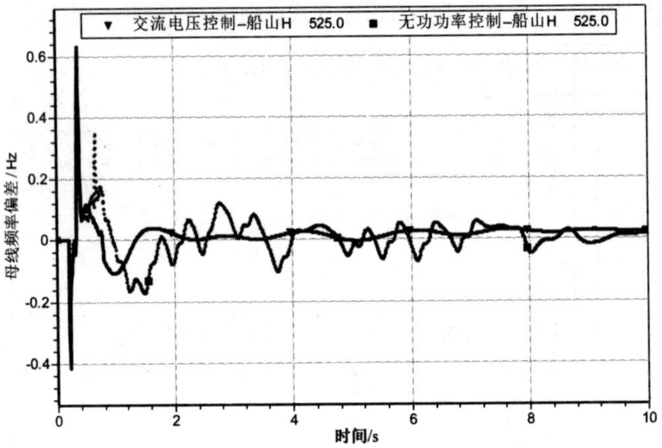

图 5-37 湘南换一船山三永 N-2 故障下湖南母线频率偏差曲线对比

5.3.2 区外受电比例

本节主要研究不同区外受电比例对湖南电网安全稳定特性的影响。不同区外受电比例主要通过调整湖南省内开机方式以改变入湘两回特高压直流的输送功率来实现。表 5-7 给出了不同区外受电比例下湖南电源支撑情况。

表 5-7 不同区外受电比例下湖南电源支撑情况

各分区电网电源出力	酒湖、湘南直流输送功率/ MW	
	8000	7000
湘东电源总出力/MW	7039	7889
湘北电源总出力/MW	5700	6425
湘南电源总出力/MW	3300	3720
湘中电源总出力/MW	4095	4095
湘西北电源总出力/MW	4695.5	4695.5
湘西电源总出力/MW	4315	4315
合计/MW	29144.5	31139.5

本节分别考虑酒湖、湘南两回直流均输送 8000MW 和 7000MW 两种情况下，

两回直流受端近区 500kV 交流线路发生三相永久 N-1、N-2 故障后湖南电网安全稳定特性，表 5-8 至表 5-11 给出了计算结果。

表 5-8 两回直流输送功率均为 8000MW 时交流 N-1 故障及计算结果

断面	线路名称	计算结果
一级断面	韶山换—鹤龄（双回）	稳定
	韶山换—云田（双回）	稳定
	韶山换—株洲西（双回）	稳定
	韶山换—船山（单回）	稳定
	湘南换—船山（双回）	稳定
	湘南换—衡阳东（双回）	稳定
	湘南换—衡阳南（双回）	稳定
	湘南换—宗元（单回）	稳定
二级断面	鹤龄—岳麓（双回）	稳定
	鹤龄—艾家冲（双回）	稳定
	鹤龄—湘潭西（双回）	稳定
	云田—大托（双回）	稳定
	云田—长沙县（双回）	稳定
	株洲西—古亭（双回）	稳定
	船山—邵阳东（双回）	稳定
	船山—湘潭西（单回）	稳定
	衡阳东—石亭（双回）	稳定
	衡阳东—攸县（单回）	稳定
	衡阳东—郴州东（单回）	稳定
	衡阳南—苏耽（双回）	稳定
	宗元—长阳铺（单回）	稳定
	宗元—永州（单回）	稳定
	宗元—邵阳西（单回）	稳定
	宗元—永州西（双回）	稳定

表 5-9 两回直流输送功率均为 8000MW 时交流 N-2 故障及计算结果

断面	线路名称	计算结果
一级断面	韶山换—鹤龄（双回）	稳定
	韶山换—云田（双回）	稳定

续表

断面	线路名称	计算结果
一级断面	韶山换—株洲西（双回）	稳定
	湘南换—船山（双回）	稳定
	湘南换—衡阳东（双回）	稳定
	湘南换—衡阳南（双回）	稳定
二级断面	鹤龄—岳麓（双回）	稳定
	鹤龄—艾家冲（双回）	稳定
	鹤龄—湘潭西（双回）	稳定
	云田—大托（双回）	稳定
	云田—长沙县（双回）	稳定
	株洲西—古亭（双回）	稳定
	船山—邵阳东（双回）	稳定
	衡阳东—石亭（双回）	稳定
	衡阳南—苏耽（双回）	稳定
	宗元—永州西（双回）	稳定

表 5-10　两回直流输送功率均为 7000MW 时交流 N-1 故障及计算结果

断面	线路名称	计算结果
一级断面	韶山换—鹤龄（双回）	稳定
	韶山换—云田（双回）	稳定
	韶山换—株洲西（双回）	稳定
	韶山换—船山（单回）	稳定
	湘南换—船山（双回）	稳定
	湘南换—衡阳东（双回）	稳定
	湘南换—衡阳南（双回）	稳定
	湘南换—宗元（单回）	稳定
二级断面	鹤龄—岳麓（双回）	稳定
	鹤龄—艾家冲（双回）	稳定
	鹤龄—湘潭西（双回）	稳定
	云田—大托（双回）	稳定
	云田—长沙县（双回）	稳定

续表

断面	线路名称	计算结果
二级断面	株洲西—古亭（双回）	稳定
	船山—邵阳东（双回）	稳定
	船山—湘潭西（单回）	稳定
	衡阳东—石亭（双回）	稳定
	衡阳东—攸县（单回）	稳定
	衡阳东—郴州东（单回）	稳定
	衡阳南—苏耽（双回）	稳定
	宗元—长阳铺（单回）	稳定
	宗元—永州（单回）	稳定
	宗元—邵阳西（单回）	稳定
	宗元—永州西（双回）	稳定

表 5-11　两回直流输送功率均为 7000MW 时交流 N-2 故障及计算结果

断面	线路名称	计算结果
一级断面	韶山换—鹤龄（双回）	稳定
	韶山换—云田（双回）	稳定
	韶山换—株洲西（双回）	稳定
	湘南换—船山（双回）	稳定
	湘南换—衡阳东（双回）	稳定
	湘南换—衡阳南（双回）	稳定
二级断面	鹤龄—岳麓（双回）	稳定
	鹤龄—艾家冲（双回）	稳定
	鹤龄—湘潭西（双回）	稳定
	云田—大托（双回）	稳定
	云田—长沙县（双回）	稳定
	株洲西—古亭（双回）	稳定
	船山—邵阳东（双回）	稳定
	衡阳东—石亭（双回）	稳定
	衡阳南—苏耽（双回）	稳定
	宗元—永州西（双回）	稳定

根据对酒湖直流、湘南直流近区的一、二级断面进行交流 N-1、N-2 故障扫描的结果可知，在两种不同直流输送功率及电源支撑方式下，交流短路故障均不会引起系统电压、功角或频率失稳。

如图 5-38 至图 5-40 所示，在酒湖直流或湘南直流发生单/双极闭锁或全压 1 次重启动失败故障情况下，两回直流输送功率较低时（从 8000MW 降至 7000MW），直流近区 500kV 交流母线频率偏差更小。

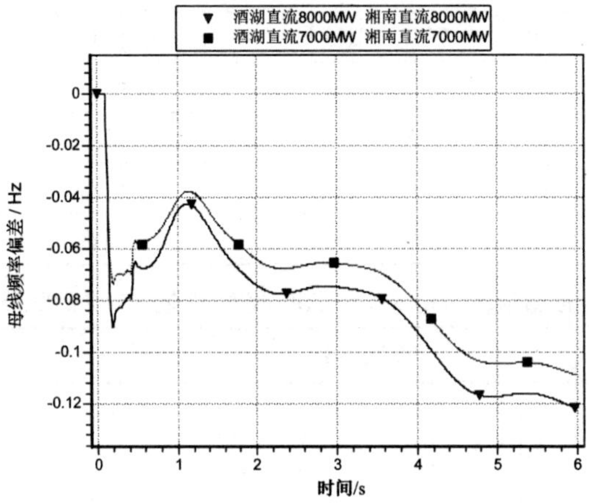

图 5-38 单极闭锁时船山站母线频率偏差

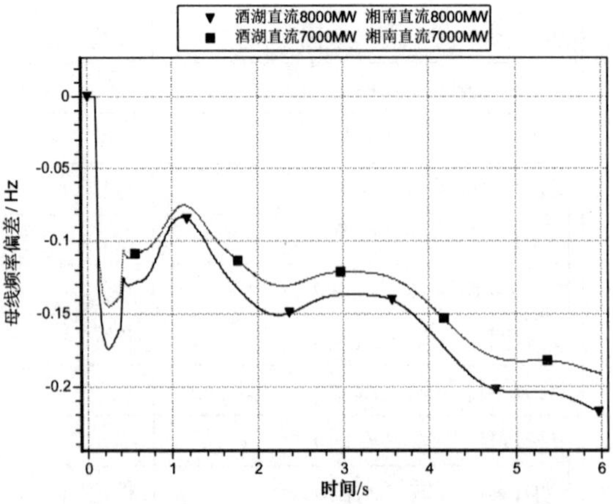

图 5-39 双极闭锁时船山站母线频率偏差

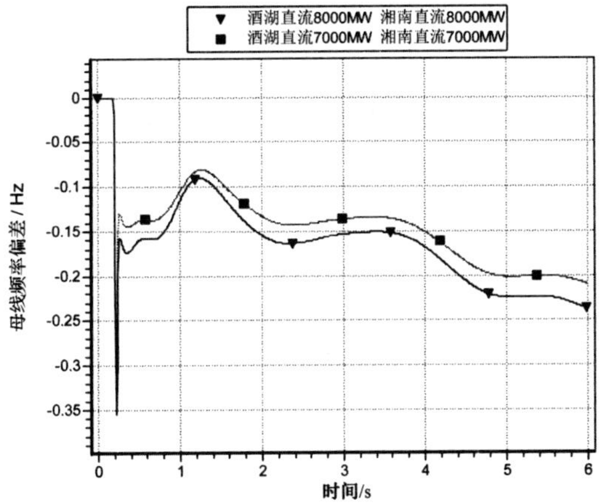

图 5-40 酒湖直流全压 1 次重启动失败时船山站母线频率偏差

5.3.3 受端网架强度

本节主要研究不同受端网架强度对湖南电网安全稳定特性的影响。不同受端网架强度主要通过将两回直流受端近区一、二级断面单回线路补为双回线路来实现，需要补为双回线路的包括：船山一韶山换、船山一湘潭西、衡阳东一郴州东、宗元一长阳铺、宗元一邵阳西。

表 5-12 和表 5-13 分别给出了增补上述相关线路提高湖南电网网架强度后，两回直流受端近区 500kV 交流线路发生三相永久 N-1、N-2 故障后湖南电网安全稳定特性的计算结果。

表 5-12 湖南电网受端网架加强后交流 N-1 故障及计算结果

断面	线路名称	计算结果
一级断面	韶山换—鹤龄（双回）	稳定
	韶山换—云田（双回）	稳定
	韶山换—株洲西（双回）	稳定
	韶山换—船山（单回）	稳定
	湘南换—船山（双回）	稳定
	湘南换—衡阳东（双回）	稳定
	湘南换—衡阳南（双回）	稳定
	湘南换—宗元（单回）	稳定

续表

断面	线路名称	计算结果
二级断面	鹤龄—岳麓（双回）	稳定
	鹤龄—艾家冲（双回）	稳定
	鹤龄—湘潭西（双回）	稳定
	云田—大托（双回）	稳定
	云田—长沙县（双回）	稳定
	株洲西—古亭（双回）	稳定
	船山—邵阳东（双回）	稳定
	船山—湘潭西（单回）	稳定
	衡阳东—石亭（双回）	稳定
	衡阳东—攸县（单回）	稳定
	衡阳东—郴州东（单回）	稳定
	衡阳南—苏耽（双回）	稳定
	宗元—长阳铺（单回）	稳定
	宗元—永州（单回）	稳定
	宗元—邵阳西（单回）	稳定
	宗元—永州西（双回）	稳定

表 5-13　湖南电网受端网架加强后交流 N-2 故障及计算结果

断面	线路名称	计算结果
一级断面	韶山换—鹤龄（双回）	稳定
	韶山换—云田（双回）	稳定
	韶山换—株洲西（双回）	稳定
	湘南换—船山（双回）	稳定
	湘南换—衡阳东（双回）	稳定
	湘南换—衡阳南（双回）	稳定
二级断面	鹤龄—岳麓（双回）	稳定
	鹤龄—艾家冲（双回）	稳定
	鹤龄—湘潭西（双回）	稳定
	云田—大托（双回）	稳定
	云田—长沙县（双回）	稳定
	株洲西—古亭（双回）	稳定
	船山—邵阳东（双回）	稳定
	衡阳东—石亭（双回）	稳定
	衡阳南—苏耽（双回）	稳定
	宗元—永州西（双回）	稳定

根据对酒湖直流、湘南直流受端近区的一、二级断面进行交流 N-1、N-2 故障扫描的结果可知，在受端网架强度增强后，交流短路故障均不会引起系统电压、功角或频率失稳。

5.3.4 负荷水平及负荷模型

本节主要研究不同负荷水平及负荷模型对湖南电网安全稳定特性的影响。湖南电网负荷模型采用了恒阻抗负荷+马达负荷的组合方式，其中马达负荷在湖南各区域总负荷中的占比为65%，恒阻抗负荷占比为35%。通常随着马达负荷占比的提高，交流电网强度会减弱，系统电压失稳的威胁会增大。因此，本节考虑将湖南电网马达负荷和占比由65%降至30%，分析在不同马达负荷占比情况下湖南电网的安全稳定特性。

表5-14和表5-15分别给出了湖南电网马达负荷占比为65%和30%时，两回直流受端近区500kV交流线路发生三相永久N-1、N-2故障后湖南电网安全稳定特性。

表5-14 湖南电网马达负荷占比为65%时交流N-1故障及计算结果

断面	线路名称	计算结果
一级断面	韶山换—鹤龄（双回）	稳定
	韶山换—云田（双回）	稳定
	韶山换—株洲西（双回）	稳定
	韶山换—船山（单回）	稳定
	湘南换—船山（双回）	稳定
	湘南换—衡阳东（双回）	稳定
	湘南换—衡阳南（双回）	稳定
	湘南换—宗元（单回）	稳定
二级断面	鹤龄—岳麓（双回）	稳定
	鹤龄—艾家冲（双回）	稳定
	鹤龄—湘潭西（双回）	稳定
	云田—大托（双回）	稳定
	云田—长沙县（双回）	稳定
	株洲西—古亭（双回）	稳定
	船山—邵阳东（双回）	稳定

续表

断面	线路名称	计算结果
二级断面	船山—湘潭西（单回）	稳定
	衡阳东—石亭（双回）	稳定
	衡阳东—攸县（单回）	稳定
	衡阳东—郴州东（单回）	稳定
	衡阳南—苏耽（双回）	稳定
	宗元—长阳铺（单回）	稳定
	宗元—永州（单回）	稳定
	宗元—邵阳西（单回）	稳定
	宗元—永州西（双回）	稳定

表 5-15 湖南电网马达负荷占比为 30%时交流 N-2 故障及计算结果

断面	线路名称	计算结果
一级断面	韶山换—鹤龄（双回）	稳定
	韶山换—云田（双回）	稳定
	韶山换—株洲西（双回）	稳定
	湘南换—船山（双回）	稳定
	湘南换—衡阳东（双回）	稳定
	湘南换—衡阳南（双回）	稳定
二级断面	鹤龄—岳麓（双回）	稳定
	鹤龄—艾家冲（双回）	稳定
	鹤龄—湘潭西（双回）	稳定
	云田—大托（双回）	稳定
	云田—长沙县（双回）	稳定
	株洲西—古亭（双回）	稳定
	船山—邵阳东（双回）	稳定
	衡阳东—石亭（双回）	稳定
	衡阳南—苏耽（双回）	稳定
	宗元—永州西（双回）	稳定

根据对酒湖直流、湘南直流近区的一、二级断面进行交流 N-1、N-2 故障扫描的结果可知，在电网马达负荷占比从 65%降至 30%从而改变负荷水平后，交流短路故障均不会引起系统电压、功角或频率失稳。

如图 5-41 至图 5-43 所示，分析直流受端近区线路发生三永 N-2 故障后 500kV 站点母线电压恢复情况可知，当马达负荷占比较低时，系统交流母线电压暂态运行特性更优，恢复时间更短。

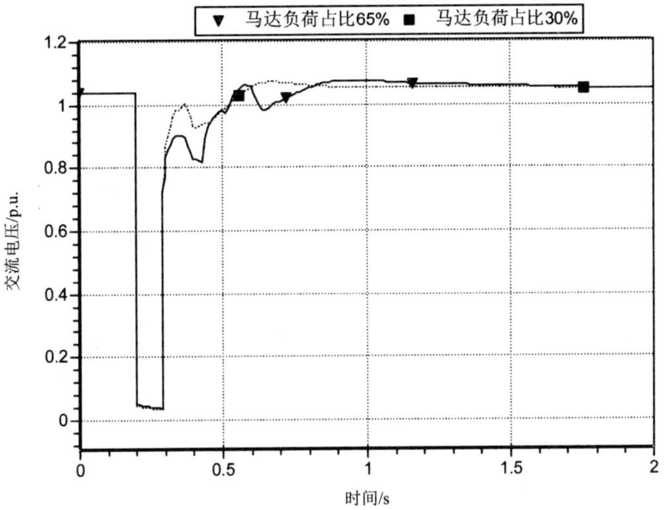

图 5-41　邵阳东一船山三永 N-2 船山侧故障情况下船山站 500kV 母线电压

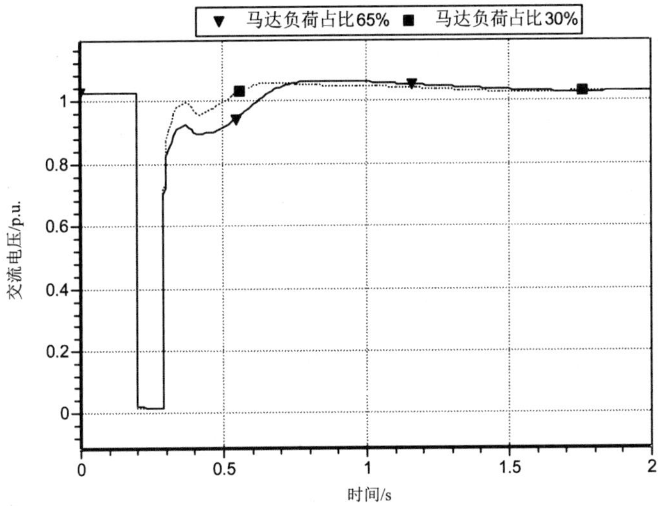

图 5-42　苏耽一衡阳南三永 N-2 苏耽侧故障情况下苏耽站 500kV 母线电压

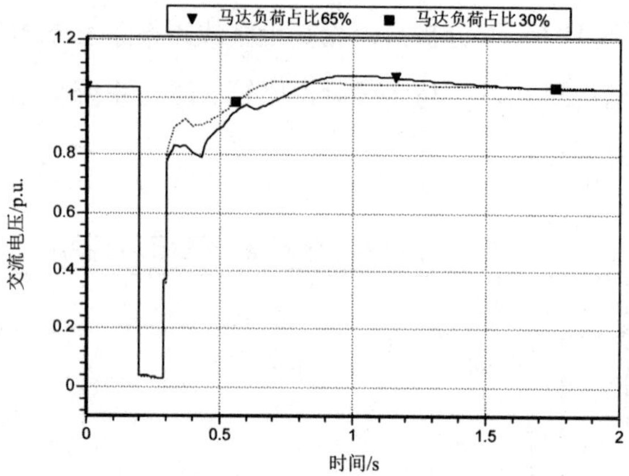

图 5-43 湘南换一船山三永 N-2 船山侧故障情况下船山站 500kV 母线电压

5.4 湖南电网交直流系统间振荡传播机制

随着电网互联规模的扩大，电力系统中机电振荡模式的数量也呈增多趋势，且存在几个模式频率相近时谐振类型的低频振荡发生的可能性。功率振荡通常容易在重负荷、长距离输电线路上发生。快速响应、高顶值倍数的励磁系统也是引发振荡的重要原因之一。振荡抑制措施一般分为优化电网结构、附加控制两方面。优化电网结构方面，增强网架结构或采用直流输电方案均能有效抑制低频振荡；附加控制方面，目前主流策略主要包括采用电力系统稳定器（Power System Stabilizer，PSS）、灵活交流输电系统（Flexible AC Transmission Systems，FACTS）。

在交直流混联电力系统中，特高压直流系统的功率振荡在交流主网中的传播机制以及交流主网不同振荡模态对多回特高压直流暂态运行特性（电压、电流、功率）的影响，是一个相当复杂的问题。本节将对上述问题逐一展开研究。

5.4.1 特高压直流系统振荡向湖南交流电网传播分布情况

在电力系统经典教材《高等电力网络分析》关于潮流方程的特殊解法介绍中，定义了发电机输出功率转移分布因子（Generation Shift Distribution Factor，GSDF）这一概念。假设节点 i 有功变化 ΔP_i 时引起支路 k（两端节点分别记为 m，n）的有功功率变化为ΔP_k^i，则定义G_{k-i}为发电机输出功率转移分布因子如公式（5-1）所示。

$$G_{k-i}=\frac{\Delta P_k^i}{\Delta P_i} \tag{5-1}$$

借鉴以上概念，为定量描述特高压直流系统功率振荡在交流主网中的传播分布情况，本节定义功率转移比η，如式（5-2）所示。通过比较不同交流支路的功率转移比大小来确定直流功率振荡在湖南交流电网中的传播路径。

$$\eta=\frac{\Delta P_{AC}}{\Delta P_{DC}} \tag{5-2}$$

其中，ΔP_{DC}是直流支路功率波动量；ΔP_{AC}是交流支路功率波动量。由于计算指标借鉴了发电机输出功率转移分布因子的概念，因此计算结果反映了线路两端节点对直流注入节点的互阻抗的差值与线路阻抗的比值关系。

为研究酒湖直流系统功率振荡向湖南交流电网传播的机制及分布情况，本节通过利用BPA中的两端直流功率修改卡，设置酒湖直流的有功功率按照给定的某一较低频率发生周期性振荡，然后在酒湖直流受端近区的一、二级交流断面观测各个500kV交流支路的有功功率变化，并计算功率转移比η，从而确定酒湖直流功率振荡在湖南交流电网中的传播路径。在仿真中，酒湖直流功率的振荡幅值为2700MW（双极，1350MW×2），振荡频率为1.67Hz。酒湖直流逆变站功率、交流母线电压、直流电流、直流熄弧角振荡波形如图5-44至图5-47所示。

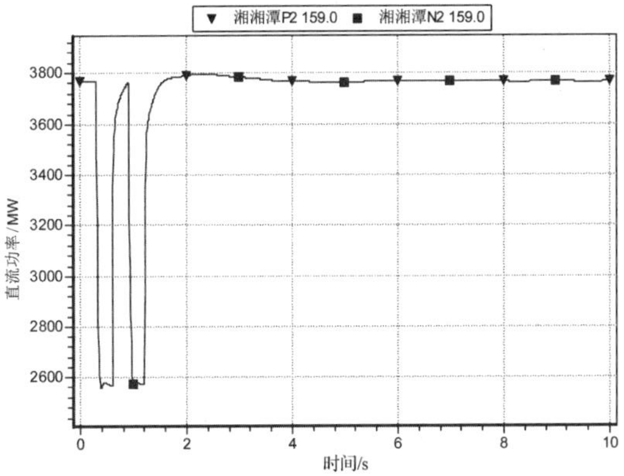

图5-44　酒湖直流功率振荡波形图

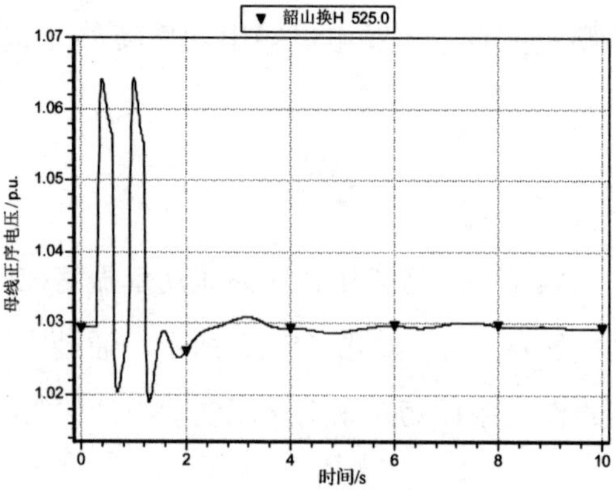

图 5-45　酒湖直流逆变站交流母线电压振荡波形图

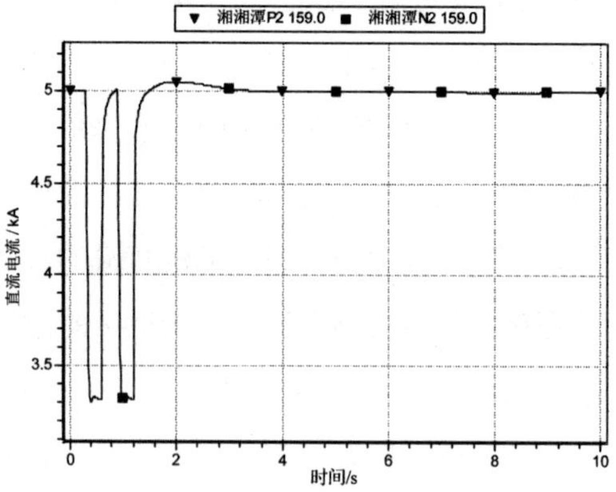

图 5-46　酒湖直流逆变站直流电流振荡波形图

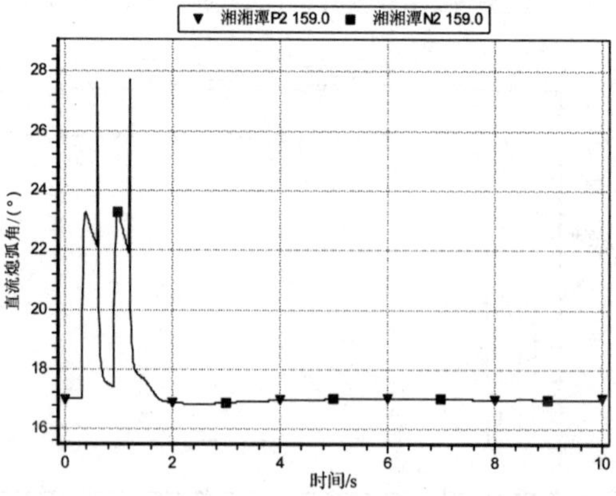

图 5-47　酒湖直流逆变站熄弧角振荡波形图

图 5-48 给出了酒湖直流一级断面交流功率波动情况。计算一级断面各交流支路功率转移比 η，得到如图 5-49 所示的结果。

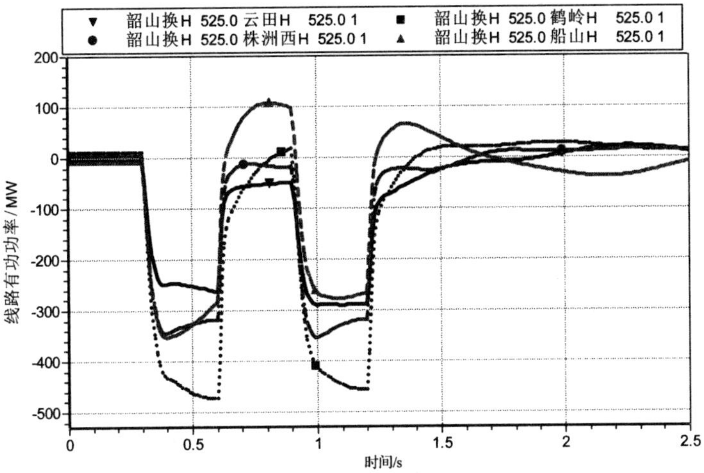

图 5-48　酒湖直流一级断面交流功率波动图

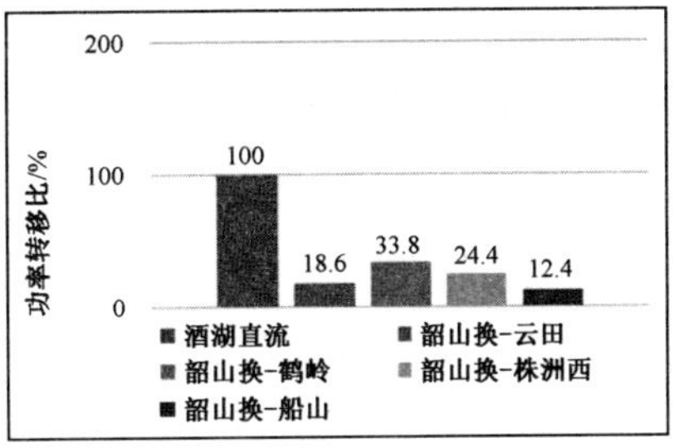

图 5-49　酒湖直流一级断面交流功率转移比分布情况

由图 5-49 可以看出，在酒湖直流受端一级断面的 4 回出线中，韶山换 H—鹤岭 H 500kV 线路功率转移比最高，达到 33.8%；韶山换 H—船山 H 500kV 线路功率转移比最低，为 12.4%。因此，酒湖直流功率振荡在一级断面主要往东北方向沿韶山换—鹤岭 500kV 支路传播。

图 5-50 给出了酒湖直流二级断面交流功率波动情况。计算二级断面各交流支路功率转移比 η，得到如图 5-51 所示的结果。

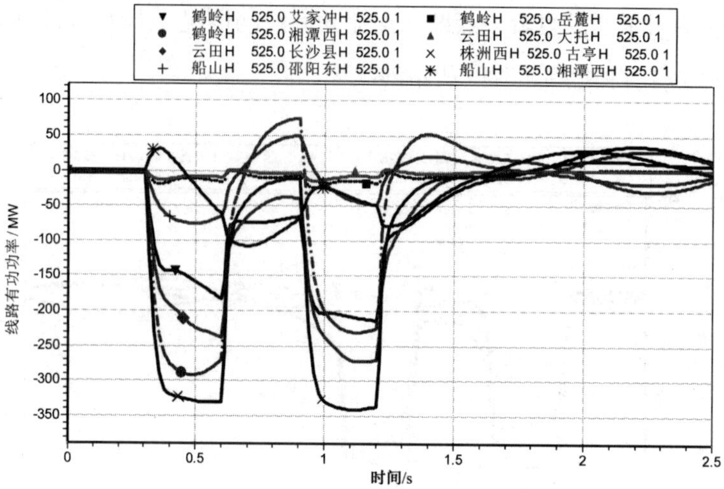

图 5-50 酒湖直流二级断面交流功率波动图

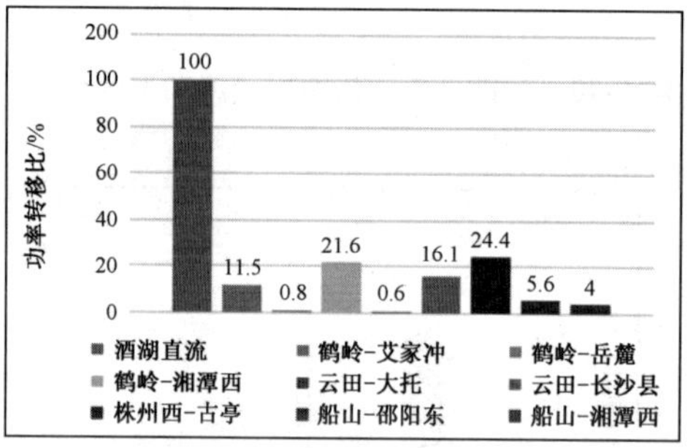

图 5-51 酒湖直流二级断面交流功率转移比分布情况

由图 5-51 可以看出，在酒湖直流受端二级断面的 8 回出线中，株洲西 H－古亭 H 500kV 线路功率转移比最高，达到 24.4%；云田 H－大托 H 500kV 线路功率转移比最低，为 0.6%。因此，酒湖直流功率振荡在二级断面主要往北部方向沿株洲西－古亭 500kV 支路传播。

如图 5-52 所示，以湖北“鄂三峡 3”机组作为参考机组，对酒湖直流发生功率振荡后湖南机组功角变化情况分析可知，在直流功率振荡结束后，湖南电网内部机组间未发生功角失稳，且湖南电网机组功角相对于华中电网机组功角的振荡能快速平息，系统能维持功角稳定。

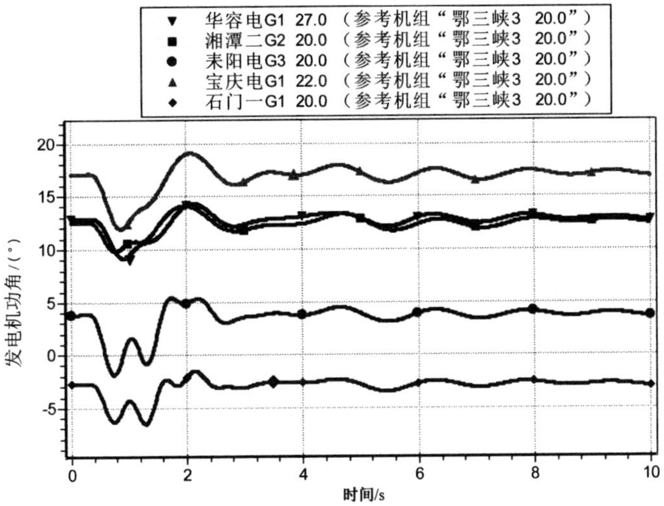

图 5-52　酒湖直流功率振荡后湖南机组相对华中电网功角曲线

如图 5-53、图 5-54 所示，对酒湖直流发生功率振荡后湖南电网省间交流联络线的功率变化情况分析可知，直流振荡将引起湖南省间 500kV 及 1000kV 交流联络线较大幅度的功率振荡，当故障情况较严重时存在功率振荡传播至省间其他电网的风险。

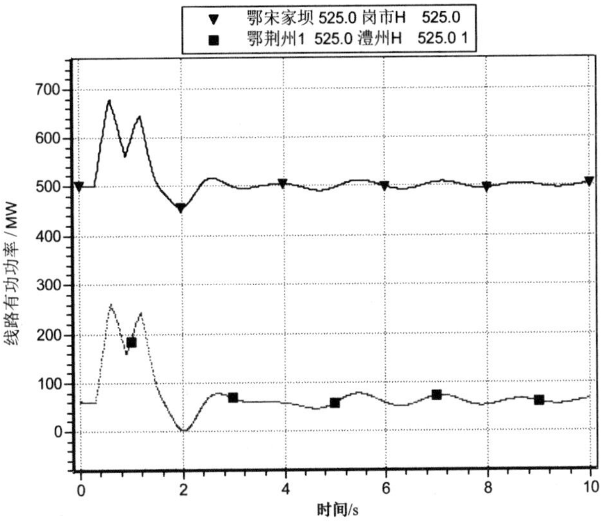

图 5-53　酒湖直流功率振荡后鄂湘 500kV 联络线功率振荡情况

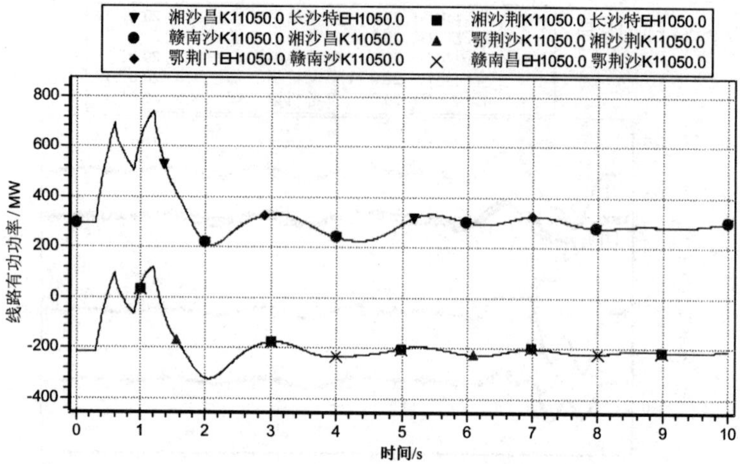

图 5-54 酒湖直流功率振荡后长沙 1000kV 特高压联络线功率振荡情况

5.4.2 主网不同振荡模态对多回特高压直流运行特性的影响

湖南交流主网是一个典型的多机系统，当多机系统设机械功率定常，发电机采用经典二阶模型，负荷只考虑电压静特性、网络线性，n 机系统只计及转子动态时，根据《动态电力系统的理论和分析》一书中关于小干扰稳定的理论描述，相应的线性化状态方程为

$$\dot{\boldsymbol{X}}=\begin{bmatrix}\Delta\dot{\delta}_1\\ \vdots\\ \Delta\dot{\delta}_n\\ \Delta\dot{\omega}_1\\ \vdots\\ \Delta\dot{\omega}_n\end{bmatrix}=\begin{bmatrix} & 0_n & & & \boldsymbol{I}_{n\times n} & & \\ -\dfrac{K_{11}}{M_1} & -\dfrac{K_{12}}{M_1} & \cdots & -\dfrac{K_{1n}}{M_1} & -\dfrac{D_1}{M_1} & & \\ \vdots & \vdots & \vdots & \vdots & & \ddots & \\ -\dfrac{K_{n1}}{M_n} & -\dfrac{K_{n2}}{M_n} & \cdots & -\dfrac{K_{nn}}{M_n} & & & -\dfrac{D_n}{M_n}\end{bmatrix}\begin{bmatrix}\Delta\delta_1\\ \vdots\\ \Delta\delta_n\\ \Delta\omega_1\\ \vdots\\ \Delta\omega_n\end{bmatrix}=\boldsymbol{AX} \quad (5\text{-}3)$$

式中，$K_{ij}=\partial P_{ei}/\partial\delta_j$；$M_i$、$D$ 分别为转子惯性时间常数及阻尼系数；$\boldsymbol{I}_{n\times n}$ 为 n 维单位矩阵。当 n 机系统稳定运行时，式（5-3）中通常含有 $n-1$ 对共轭复根，这 $n-1$ 对共轭复根物理上反映了 n 台机组转子之间的相对摇摆，即为机电模式。物理上把一对共轭复根称为系统的一个振荡模式，把它相应的特征向量称为振荡模态。

湖南两回特高压直流受端近区500kV交流网架结构如图5-55所示，可以看到，船山站与两个直流逆变站的交流母线均直接相连，电气联系紧密。因此，本节将通过在船山站设置负荷有功功率按照不同的较低的频率发生振荡，以激发交流主网不同振荡模态，并研究主网不同振荡模态对两回特高压直流暂态运行特性的影响。船山站负荷有功功率振荡情况如图5-56所示。

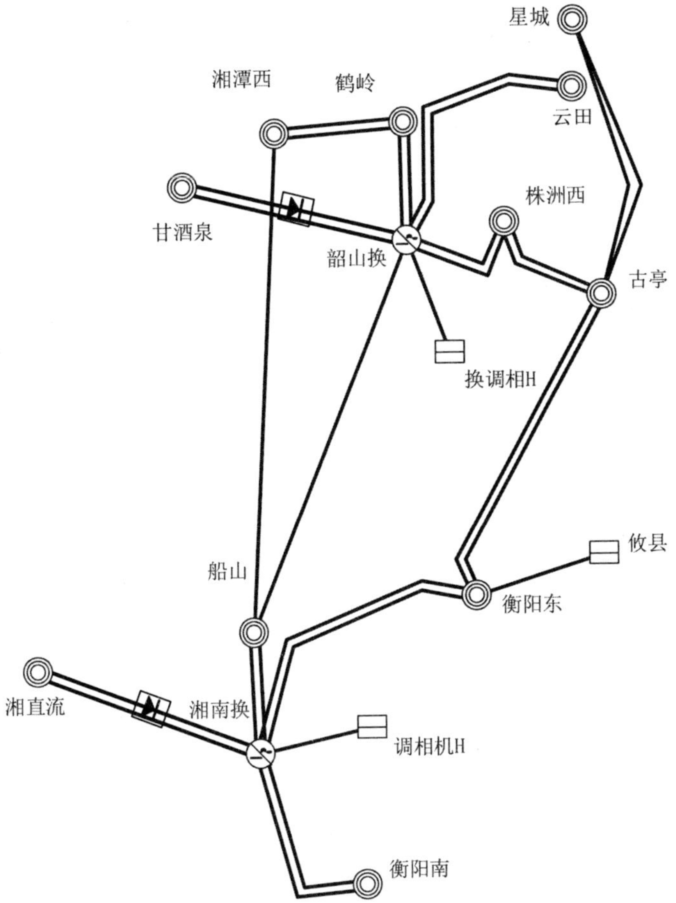

图5-55　入湘两回直流受端近区500kV交流网架

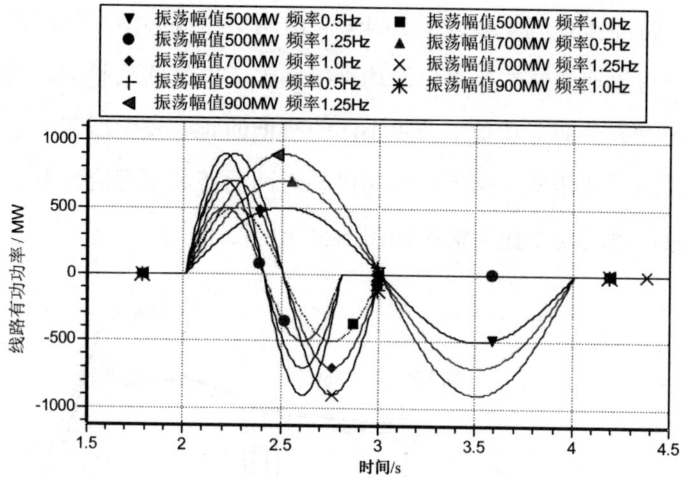

图 5-56　船山站负荷有功功率振荡情况

当船山站负荷有功功率发生振荡时，酒湖、湘南两回特高压直流逆变站的交流电压均会随之发生波动。下面分析在 3 种振荡幅值和频率，共计 9 种组合的不同振荡模态下，交流主网不同振荡模态对酒湖直流逆变站电压的影响。酒湖、湘南特高压直流逆变站交流母线电压振荡情况分别如图 5-57 和图 5-58 所示。

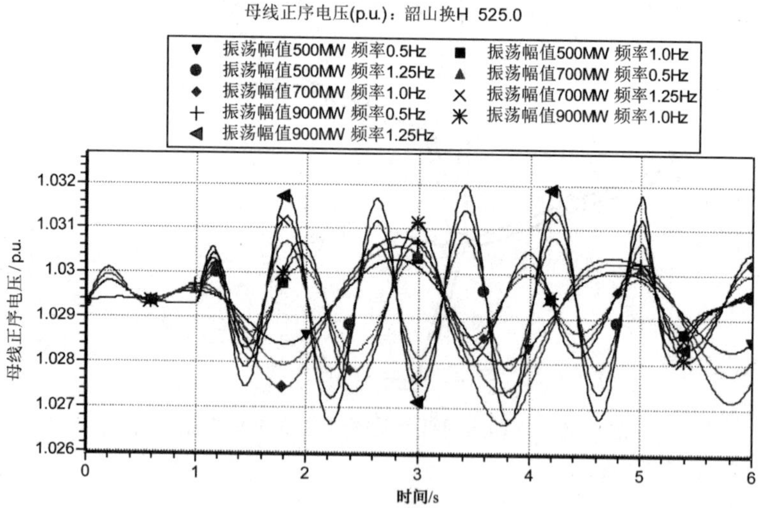

图 5-57　酒湖直流逆变站交流母线电压振荡情况

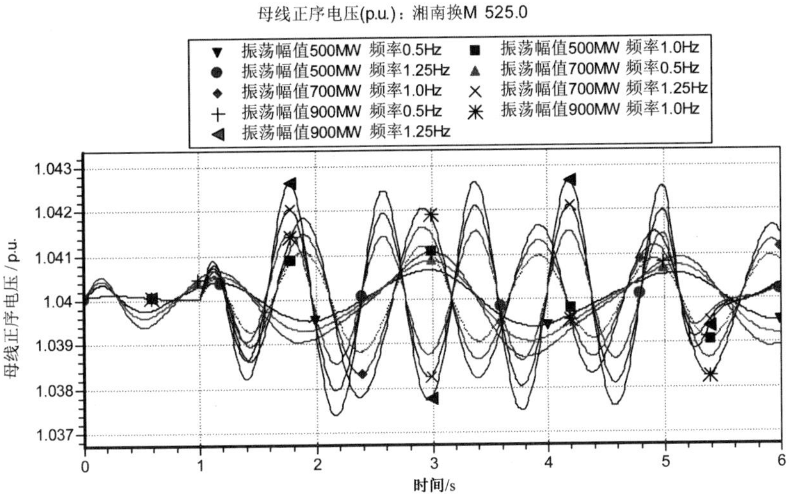

图 5-58　湘南直流逆变站交流母线电压振荡情况

本书采用计算直流逆变站交流电压波动值相对于交流电压初值的百分比，即电压波动率这一定量指标，来进行交流主网不同振荡模态对直流逆变站交流电压的影响分析。相应计算结果见表 5-16、表 5-17。

表 5-16　交流主网不同振荡模态下酒湖直流逆变站电压波动率

振荡幅值/MW	不同振荡频率下的电压波动率		
	0.5 Hz	1.0 Hz	1.25 Hz
500MW	0.10%	0.10%	0.16%
700MW	0.13%	0.15%	0.21%
900MW	0.15%	0.19%	0.22%

表 5-17　交流主网不同振荡模态下湘南直流逆变站电压波动率

振荡幅值/MW	不同振荡频率下的电压波动率		
	0.5 Hz	1.0 Hz	1.25 Hz
500MW	0.06%	0.11%	0.13%
700MW	0.08%	0.14%	0.19%
900MW	0.09%	0.19%	0.25%

从上述结果可知，当湖南电网受端近区发生交流振荡时，两回特高压直流逆

变站的交流电压虽有波动但幅度较小，且湖南交流主网不同振荡模态对特高压直流逆变站暂态电压波动情况的影响各不相同，逆变站电压波动率随着振荡幅值或振荡频率的升高均呈单调上升趋势。

5.4.3 交直流系统之间振荡传播机理

由直流逆变站模型可知，直流与交流之间仅通过换流母线电压进行相互耦合，当交流电网扰动引起直流换流母线电压波动时，直流电气量将发生变化进而影响直流逆变站传输的有功功率以及从交流中吸收的无功功率，变化的注入功率进一步引起换流母线电压波动而形成交互影响。为分析振荡传播的机理，构建仿真测试系统并在交流换流母线电压施加振荡波动信号，如图5-59所示，并据此考察直流各电气量的响应。

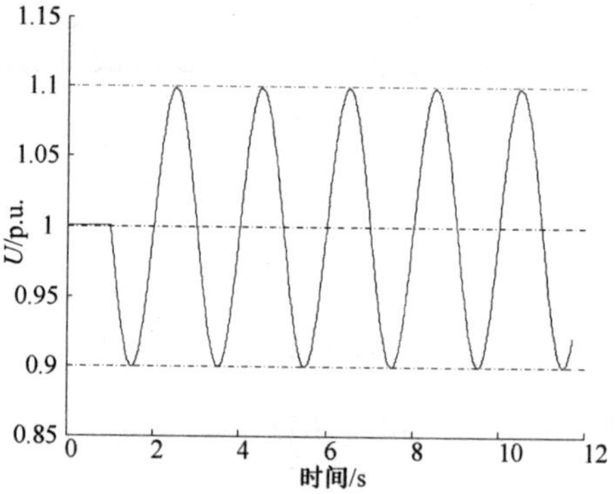

图 5-59 在直流逆变站施加交流振荡电压

对应图5-59所示的直流逆变站换流母线电压振荡，直流电流、逆变器熄弧角、直流有功功率、逆变器和逆变站吸收的无功功率以及滤波器输出的无功功率等主要电气量暂态响应如图5-60所示。

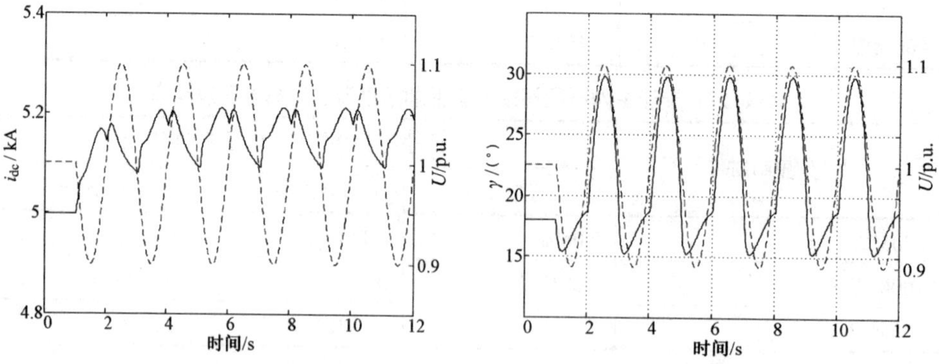

图 5-60 对应交流电压振荡的直流主要电气量暂态响应

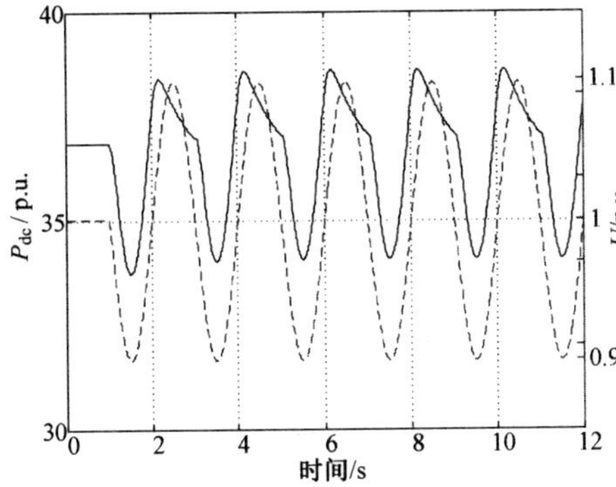

（c）直流有功功率

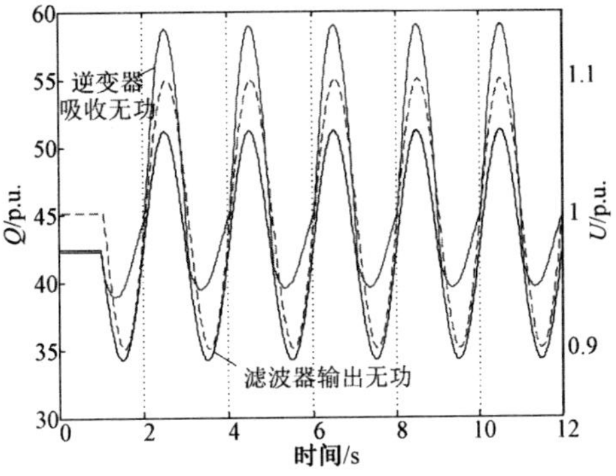

（d）逆变器吸收的无功功率及滤波器输出的无功功率

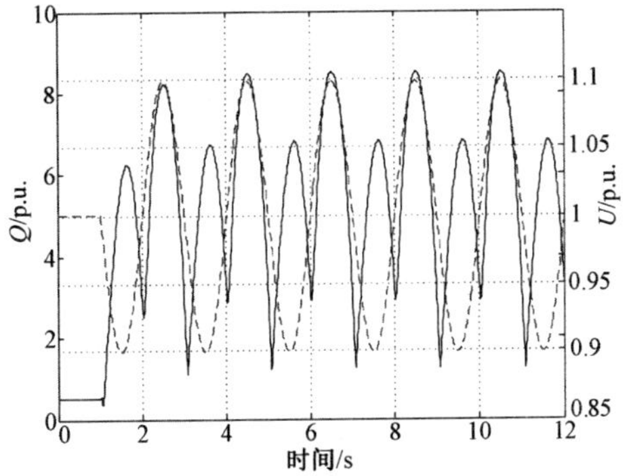

（e）逆变站吸收的无功功率

图 5-60 对应交流电压振荡的直流主要电气量暂态响应（续图）

由图 5-60 可以看出，当交流电压振荡跌落时逆变器会因直流电压 U_c 下降导致直流侧电压 u_d 减小，整流器基本不变的直流电压与减小的 u_d 作用于直流线路上使直流电流 i_{dc} 增大，受此影响，逆变器换相过程延长，相应换相角 μ 增大，熄弧角 γ 减小，γ 的减小将使逆变器无功消耗减小；另一方面，由于滤波器的无功供给随交流电压跌落会平方倍地减小，其供给无功的减少量大于逆变器无功消耗的减少量，因此逆变站将从交流电网中吸收无功功率，促使电压跌落的幅度进一步增大，其机理如图 5-61（a）所示。

与电压跌落相比，交流电压振荡提升时各电气量变化趋势相反，逆变器由于直流电流减小以及熄弧角增大，其消耗的无功会显著增大，大于滤波器因电压提升增加的无功供给，因此逆变站仍会从交流电网吸收无功且较电压跌落时吸收的无功更多，这有助于抑制交流电压的振荡提升，其机理如图 5-61（b）所示。

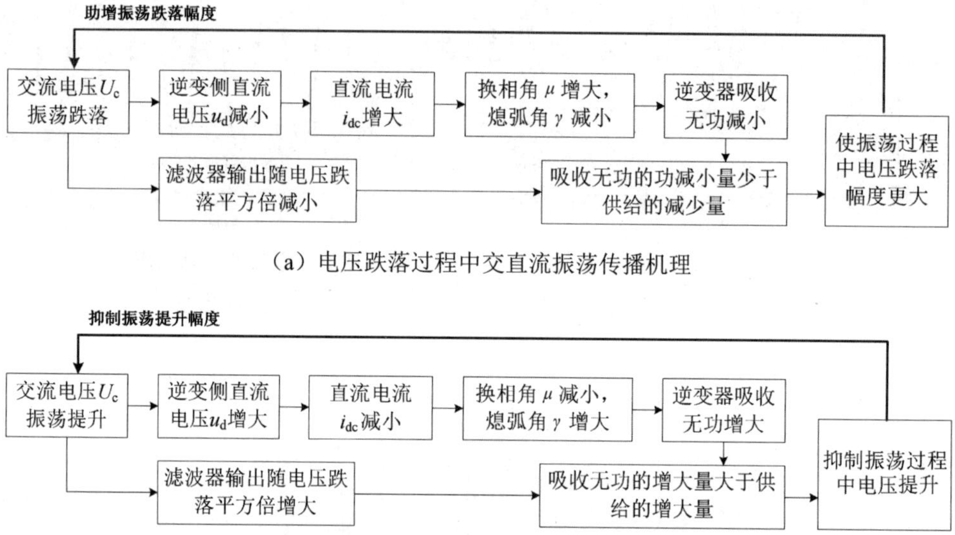

（a）电压跌落过程中交直流振荡传播机理

（b）电压提升过程中交直流振荡传播机理

图 5-61　交直流系统之间振荡传播机理

值得注意的是，交流电压等幅振荡的过程中，逆变器消耗无功的增减幅度并不对称，电压升高时消耗的无功会大幅提升，抑制电压提升的作用明显。此外，无论换流母线电压升高还是跌落，逆变站始终从交流电网吸收无功功率，呈现出动态无功负荷特性。

5.4.4　交直流系统之间振荡传播的关键因素分析

振荡幅度是振荡激励的一个重要属性，对于线性系统而言，振荡幅度越大其受到的影响也相应更为突出。然而，受控制系统调节作用，交直流系统具有强非线性特征，因此需要评估振荡幅度对交直流振荡传播的影响。

为此，在图 5-59 所示的振荡幅度为 0.1p.u.的基础上，进一步考察振荡幅度为 0.2p.u.、0.3p.u.对应的暂态响应差异。不同振荡幅度下，随电压振荡的直流电流以及逆变站从交流电网吸收的无功功率变化曲线如图 5-62 所示。

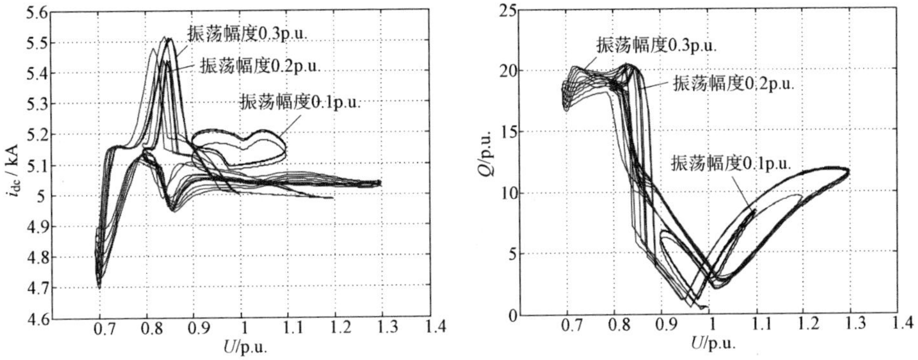

（a）U-i_{dc} 变化曲线　　（b）U-Q 变化曲线

图 5-62　不同振荡幅度下 U-i_{dc} 和 U-Q 曲线

由图 5-62 可以看出，对于电压振荡升高，其幅度增大则逆变站从交流电网吸收的最大无功功率也相应增大，即逆变站抑制交流电压提升的作用越强；对于电压振荡跌落，其幅度增大而逆变站从交流电网吸收的最大无功功率不会相应增大，主要原因是当电压降低触发直流低压限流 VDCOL 控制作用后，直流电流将不随电压跌落而增长，因此，VDCOL 可有效缓解逆变站吸收无功对助推电压跌落的不利影响。

下面考察低压限流环节启动电压对振荡过程中逆变站电压无功特性的影响。

在振荡幅度为 0.3p.u.的条件下，低压限流环节 VDCOL 启动电压分别取值 0.7p.u.、0.8p.u.和 0.9p.u.，这 3 种情况对应的逆变站 U-Q 曲线如图 5-63 所示。可以看出，提升 VDCOL 的启动值可以降低逆变站从交流电网吸收的最大无功功率，对电压振荡跌落幅度可起到抑制作用。此外，VDCOL 启动电压对电压提升过程无明显影响。

下面考察换相失败预测启动电压对振荡过程中逆变站电压无功特性的影响。

在振荡幅度为 0.3p.u.的条件下，换相失败预测环节启动电压分别取值 0.8p.u.、0.85p.u.和 0.9p.u.，这 3 种情况对应的逆变站 U-Q 曲线如图 5-64 所示。可以看出，提升换相失败预测环节启动电压，可以在电压跌落过程中减小逆变站从交流电网吸收的无功功率，从而可抑制电压跌落，对电压振荡跌落幅度可起到抑制作用。此外，换相失败预测环节启动电压对电压提升过程无明显影响。

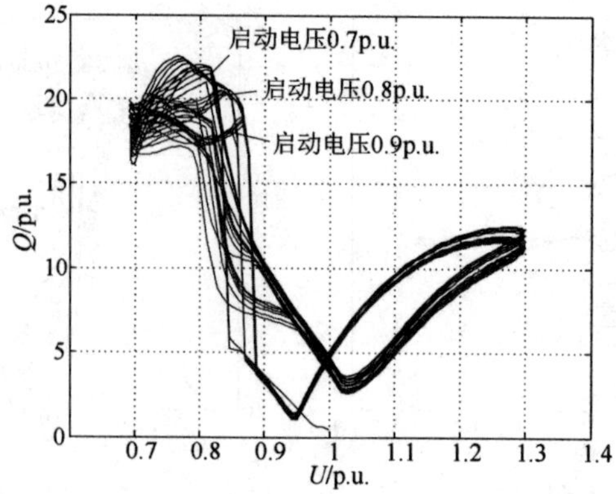

图 5-63 低压限流环节不同启动电压对应的 *U-Q* 曲线

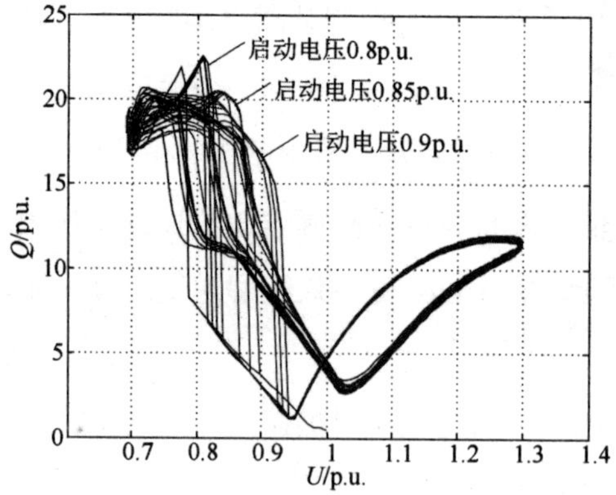

图 5-64 换相失败预测环节不同启动电压对应的 *U-Q* 曲线

5.5 湖南电网特高压直流接入下扰动性分析

5.5.1 湖南电网小扰动稳定性分析实例

本节使用模式分析法对湖南电网进行小干扰稳定性分析，仿真在 DIgSILENT 平台上完成。在完成系统搭建及稳态、暂态数据填写后，运行初值分析，选择迭代算法及其他设置选项即可完成小干扰稳定性分析。分析结果将给出系统的各个模态及其具体信息，同时可以生成各模态的右特征向量。通过对以上信息的分析，我们可以得到系统的各振荡模式及参与机组。

通过小干扰稳定分析模块的计算，可以得到湖南电网中部分机电振荡模态，选择其中阻尼比低于 0.05 的模态进行梳理，结果见表 5-18。

表 5-18 与湖南电网相关的振荡模态

模态	实部	虚部	频率/Hz	阻尼比/%	类别	相关电厂
1	−0.521	15.008	2.389	0.0347	本地	怀石煤 G1、涟源电 G1 与黔东电 G1
2	−0.595	14.632	2.329	0.0406	本地	株洲电 G1 与耒阳电 G3、G4 等
3	−0.588	14.450	2.300	0.0407	本地	耒阳电 G3、G4 与益阳一 G1 等
4	−0.562	13.515	2.151	0.0415	本地	黑麋峰 G1 与黑麋峰 G3
5	−0.494	11.885	1.892	0.0416	本地	株洲电 G2 等与攸县电 G1、G2 等
6	−0.599	14.384	2.289	0.0416	本地	益阳一 G1 等与石门一 G1、G2 等
7	−0.292	6.951	1.106	0.0419	本地	柘溪电 G9 等与华容电 G1、G2 等
8	−0.624	14.843	2.362	0.0420	本地	湘潭一 G1 与株洲电 G2、株洲电 G1
9	−0.634	15.065	2.398	0.0420	本地	涟源电 G1 与怀石煤 G1，金竹山 G1
10	−0.499	11.695	1.861	0.0426	本地	黑麋峰 G1、G2 与黑麋峰 G3
11	−0.486	11.115	1.769	0.0436	本地	黑麋峰 G2、G1、G3 等与长沙电 G1、G2 等
12	−0.615	13.636	2.170	0.0450	本地	石门一 G1、G2 与株洲电 G2，湘潭一 G1 等
13	−0.461	10.174	1.619	0.0452	本地	攸县电 G1、G2 与平江电 G1、G2 等
14	−0.729	15.447	2.458	0.0471	本地	石门一 G1、G2

在 2025 年夏大运行方式下，湖南电网存在 14 个阻尼比低于 0.05 的机电振荡模式，全部为本地模式。阻尼比最小的模式的特征值为–0.521+i15.008，振荡频率为 2.389Hz，阻尼比为 3.47%。

5.5.2 湖南电网大扰动稳定性分析实例

在 DIgSILENT 平台上搭建湖南电网 2025 年夏大运行方式下的仿真模型，以时域仿真法分析系统暂态稳定性。在实际电网运行中，N-1 安全性是配电网规划和运行中最重要的关注点，目前分析主要采用 N-1 仿真校验的方式，即对电网在给定某负荷水平下发生元件退出时，逐个案例进行能否安全供电的校验，再对所有案例的校验结果进行分析，得到安全性指标，以此来评价配电网在某个负荷水平下的安全性。

为了对湖南电网实施交直流故障 N-1 校验，需要选取有代表性的节点进行故障分析。输送功率较大的线路发生故障时，将对系统的稳定性产生较大的影响。因此，为了对湖南电网实施交直流故障 N-1 校验，选取表 5-19 所列的直流线路附近的交流节点和表 5-20 所列的输送功率最大线路的两端节点，对这两类节点进行故障分析。

表 5-19　2025 年湖南电网夏大运行方式下直流线路附近的交流节点

节点名称	节点电压/kV	节点名称	节点电压/kV
船山 H	500	调相机 H	500
鹤岭 H	500	衡阳东 H	500
换调相 H	500	衡阳南 H	500
云田 H	500	宗元 H	500
株洲西 H	500		

表 5-20　2025 年湖南电网夏大运行方式下输送功率最大的线路

线路名称	输送功率/MW
鹤岭 H—艾家冲 H	1704.62
船山 H—湘潭西 H	1015.16

在表 5-19 及表 5-20 所列节点上进行三相交流故障仿真，以检验系统的暂态稳定性。几个典型的仿真结果如下所述。图 5-65 是原始出力下，船山 H 节点发生三相交流短路故障，0.1s 后故障清除，发电机攸县电 G2 的转速变化图。图 5-66

是原始出力下，鹤岭H节点发生三相交流短路故障，0.1s后故障清除，发电机攸县电G2的转速变化图。图5-67为原始出力下，株洲西H节点发生三相短路故障，0.1s后清除故障，发电机攸县电G2的转速变化图。

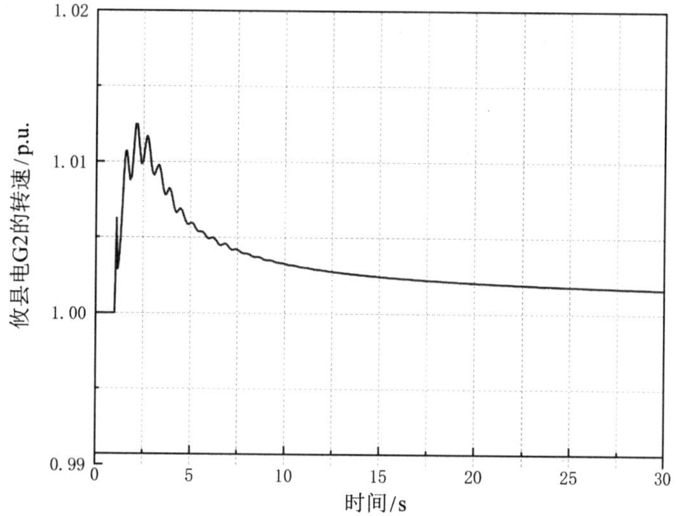

图5-65 船山H节点发生三相交流短路故障后发电机攸县电G2的转速变化图

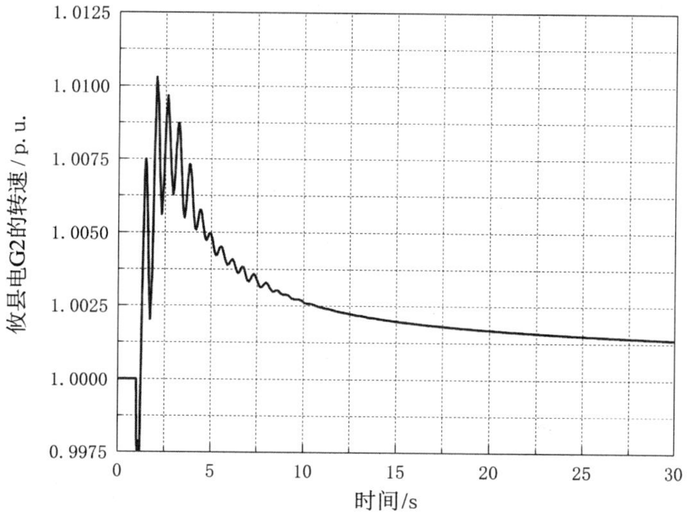

图5-66 鹤岭H节点发生三相交流短路故障后发电机攸县电G2的转速变化图

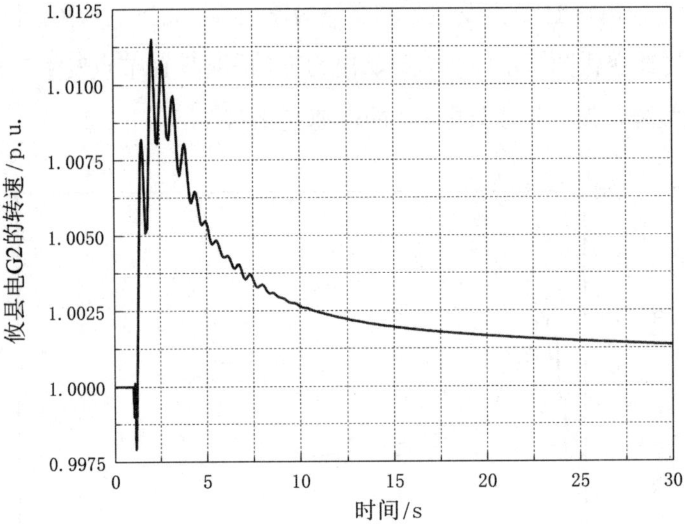

图 5-67 株洲西 H 节点发生三相交流短路故障后发电机攸县电 G2 的转速变化图

根据发电机的转速变化曲线可以简单判断系统是否暂态稳定。所有仿真结果见表 5-21。

表 5-21 交直流节点故障扫描结果

节点名称	相关直流/交流线路	地区	拟观察发电机	是否暂态稳定
船山 H	与韶山换 H 和湘南换相连	湘东主	攸县电 G2	稳定
鹤岭 H	与韶山换 H 相连	湘东主	攸县电 G2	稳定
换调相 H	与韶山换 H 相连	湘东主	攸县电 G2	稳定
云田 H	与韶山换 H 相连	湘东主	攸县电 G2	稳定
株洲西 H	与韶山换 H 相连	湘东主	攸县电 G2	稳定
调相机 H	与湘南换 M 相连	湘南	耒阳电 G3	稳定
衡阳东 H	与湘南换 M 相连	湘东主	攸县电 G2	稳定
衡阳南 H	与湘南换 M 相连	湘南	耒阳电 G3	稳定
宗元 H	与湘南换 M 相连	湘南	耒阳电 G3	稳定
艾家冲 H	与鹤岭 H 相连	湘中	怀石煤 G1	稳定
湘潭西 H	与船山 H 相连	湘东主	攸县电 G2	稳定

仿真实验表明，2025 年湖南电网规划方案中直流落点附近节点均 N-1 稳定，系统安全稳定运行的能力较强。

参考文献

[1] 徐政，黄弘扬，周煜智．描述交直流并列系统电网结构品质的 3 种宏观指标[J]．中国电机工程学报，2013，33（04）：1-8．

[2] 李明节．大规模特高压交直流混联电网特性分析与运行控制[J]．电网技术，2016，40（04）：985-991．

[3] 李勇．强直弱交区域互联大电网运行控制技术与分析[J]．电网技术，2016，40（12）：3756-3760．

[4] 郑超，盛灿辉，林俊杰，等．特高压直流输电系统动态响应对受端交流电网故障恢复特性的影响[J]．高电压技术，2013，39（03）：555-561．

[5] 王贺楠，郑超，任杰，等．直流逆变站动态无功轨迹及优化措施[J]．电网技术，2015，39（05）：1254-1260．

[6] 郑超，周静敏，李惠玲，等．换相失败预测控制对电压稳定性影响及优化措施[J]．电力系统自动化，2016，40（12）：179-183．

[7] 赵健，郑超，王爱渌，等．感应电动机功率特性及其对电压稳定的影响机制[J]．智能电网，2014，2（10）：13-18．

第 6 章　基于最优控制的多端直流最优功率调制

6.1　引言

随着化石能源日渐枯竭以及环境污染日益严重，风能、太阳能等可再生能源的开发和使用变得尤为关键。但是，可再生能源具有规模小、分布广、随机性强以及距离负荷中心较远等特点，传统的高压直流输电技术和交流输电技术不能满足电力系统稳定运行的要求。而基于电压源型换流器（Voltage Source Converter，VSC）的多端直流（Multi-Terminal Direct Current，MTDC）输电技术可以实现有功功率和无功功率的解耦且不存在换相失败的问题，在解决大规模的新能源整合问题上显示出一定的优越性，已成为一种颇具前景的输电方式。然而，随着低惯量的新能源发电和直流输电在电网中渗透率的不断增大，系统的有效惯量水平大幅度降低，交直流混联系统的暂态稳定性问题变得尤为突出。一种应对的思路是考虑各换流器间的优化协调，给出利用多端直流快速有功功率调制提高交直流混联系统暂态稳定性的最优控制方案。

本章首先介绍直流功率方程与交流系统的线性化模型；然后根据线性二次型最优控制理论设计交直流混联系统的最优控制器；之后根据带约束的最优控制理论设计交直流混联系统的最优控制器；最后通过实际算例中的仿真验证提出的两种最优控制器的效果，证实本章提出的最优控制策略可在系统受扰后更好地抑制多机系统的第一周期摇摆。

6.2 多端直流的线性化模型

6.2.1 直流功率方程的线性化

MTDC 系统中包含多个换流器，为了维持直流电压的稳定以及实现有功功率的自动分配，各换流器通常采用电压下垂控制策略[1]。在此控制策略下，所有换流器均可用来稳定直流电压且各换流器的有功功率能实现自动分配。换流器注入直流电网的功率 P^{DC} 可认为与其功率参考值 P^{DCref} 相同，因此当采用电压下垂控制策略时，注入每个换流器 j 的有功功率可表示为

$$P_j^{\mathrm{DC}} = P_j^{\mathrm{DCref}} = P_j^{\mathrm{DC0}} + K_j^{\mathrm{DC}}(V_j^{\mathrm{DC}} - V_j^{\mathrm{DC0}}) \tag{6-1}$$

其中，P_j^{DC0} 是第 j 个换流器的功率指令设定值；K_j^{DC} 是第 j 个换流器的直流电压下垂系数；V_j^{DC} 是第 j 个换流器的直流电压；V_j^{DC0} 是第 j 个换流器的初始直流电压设定值，通常设定为额定直流电压（1p.u.）。

在本书中，选择注入换流器的电流方向作为正方向，因此各换流器直流侧的功率方程可表示为

$$P_j^{\mathrm{DC}} = \sum_{i=1}^{N_D}(V_j^{\mathrm{DC}} - V_i^{\mathrm{DC}})Y_{ji}V_j^{\mathrm{DC}} \tag{6-2}$$

其中，Y_{ij} 是换流器 i 和 j 间直流线路的导纳。

当交流系统发生故障时，换流器可通过快速调制其调制比，限制其注入交流系统的电流，而对直流电压的影响较小。因此，可以将式（6-2）在 V_j^{DC}=1.0p.u.附近线性化，则有

$$\begin{aligned} P_j^{\mathrm{DC}} = {} & P_j^{\mathrm{DC}}\Big|_{V_{i,j}^{\mathrm{DC}}=1} + \frac{\partial P_j^{\mathrm{DC}}}{\partial V_j^{\mathrm{DC}}}\Big|_{V_{i,j}^{\mathrm{DC}}=1}(V_j^{\mathrm{DC}} - V_j^{\mathrm{DC0}}) + \\ & \sum_{\substack{i=1\\ i\neq j}}^{N_D}\frac{\partial P_j^{\mathrm{DC}}}{\partial V_i^{\mathrm{DC}}}\Big|_{V_{i,j}^{\mathrm{DC}}=1}(V_i^{\mathrm{DC}} - V_i^{\mathrm{DC0}}) \end{aligned} \tag{6-3}$$

其中，

$$\begin{cases} \left.\dfrac{\partial P_j^{\mathrm{DC}}}{\partial V_j^{\mathrm{DC}}}\right|_{V_{i,j}^{\mathrm{DC}}=1} = \sum\limits_{\substack{i=1\\ i\neq j}}^{N_D} Y_{ji} \\ \left.\dfrac{\partial P_j^{\mathrm{DC}}}{\partial V_i^{\mathrm{DC}}}\right|_{V_{i,j}^{\mathrm{DC}}=1} = -Y_{ji} \end{cases} \tag{6-4}$$

由上可得换流器 j 的功率线性方程：

$$P_j^{\mathrm{DC}} = \sum_{\substack{i=1\\ i\neq j}}^{N_D} Y_{ji}(V_j^{\mathrm{DC}} - V_j^{\mathrm{DC0}}) - \sum_{\substack{i=1\\ i\neq j}}^{N_D} Y_{ji}(V_i^{\mathrm{DC}} - V_i^{\mathrm{DC0}}) \tag{6-5}$$

$$\begin{aligned} P_j^{\mathrm{DC0}} &= (\sum_{\substack{i=1\\ i\neq j}}^{N_D} Y_{ji} - K_j^{\mathrm{DC}})(V_j^{\mathrm{DC}} - V_j^{\mathrm{DC0}}) - \sum_{\substack{i=1\\ i\neq j}}^{N_D} Y_{ji}(V_i^{\mathrm{DC}} - V_i^{\mathrm{DC0}}) \\ &= (Y_{jj} - K_j^{\mathrm{DC}})(V_j^{\mathrm{DC}} - V_j^{\mathrm{DC0}}) - \sum_{\substack{i=1\\ i\neq j}}^{N_D} Y_{ji}(V_i^{\mathrm{DC}} - V_i^{\mathrm{DC0}}) \end{aligned} \tag{6-6}$$

定义直流系统导纳矩阵 $\boldsymbol{Y}_{\mathrm{DC}}$ 为

$$\boldsymbol{Y}_{\mathrm{DC}} = \begin{cases} Y_{jj} - K_j^{\mathrm{DC}} & (i=j) \\ -\sum\limits_{\substack{i=1\\ i\neq j}}^{N_D} Y_{ji} & (i\neq j) \end{cases} \tag{6-7}$$

为方便后续推导，定义相关矩阵如下：$\boldsymbol{P}_{\mathrm{DC0}}$ 表示 N_D×1 换流器功率指令设定值矢量；$\boldsymbol{V}_{\mathrm{DC}}$ 表示 N_D×1 换流器的直流电压矢量；$\boldsymbol{V}_{\mathrm{DC0}}$ 表示 N_D×1 直流初始电压设定值矢量；N_D 表示系统中换流器的数量。式（6-6）可以写成如下矩阵形式：

$$\boldsymbol{P}_{\mathrm{DC0}} = \boldsymbol{Y}_{\mathrm{DC}}(\boldsymbol{V}_{\mathrm{DC}} - \boldsymbol{V}_{\mathrm{DC0}}) \tag{6-8}$$

则有

$$\begin{aligned} \boldsymbol{P}_{\mathrm{DC}} &= \boldsymbol{P}_{\mathrm{DC0}} + \mathrm{diag}(K_j^{\mathrm{DC}})\mathrm{Inv}(\boldsymbol{Y}_{\mathrm{DC}})\boldsymbol{P}_{\mathrm{DC0}} \\ &= \underbrace{[\boldsymbol{I} + \mathrm{diag}(K_j^{\mathrm{DC}})\mathrm{Inv}(\boldsymbol{Y}_{\mathrm{DC}})]}_{\boldsymbol{Y}_{\mathrm{MTDC}}}\boldsymbol{P}_{\mathrm{DC0}} \end{aligned} \tag{6-9}$$

式（6-9）表明，分配给每个换流器的功率与该换流器的下垂系数和功率参考值有关。因此，在系统遭受干扰后，可以通过快速改变功率指令设定值 $\boldsymbol{P}_{\mathrm{DC0}}$ 来改变注入换流器中的直流功率，进而提高系统的暂态稳定性。

6.2.2 交流系统模型的线性化

为了研究 MTDC 系统的暂态稳定性，需要推导出交流系统的数学模型。交流系统的模型主要包括发电机的转子运动方程、负荷模型以及系统的网络方程。本书重点研究发电机转子的机电暂态过程，发电机采用经典模型。发电机的转子运动方程如下：

$$\begin{cases}\dfrac{\mathrm{d}\boldsymbol{\delta}}{\mathrm{d}t}=2\pi f(\boldsymbol{\omega}-\boldsymbol{I}_{N_G\times1})\\ \boldsymbol{J}\dfrac{\mathrm{d}\boldsymbol{\omega}}{\mathrm{d}t}=\boldsymbol{P}_m-\boldsymbol{P}_e-\boldsymbol{D}(\boldsymbol{\omega}-\boldsymbol{I}_{N_G\times1})\end{cases} \tag{6-10}$$

其中，$\boldsymbol{\delta}$ 表示 $N_G\times1$ 发电机转子角度矢量；f 表示系统的基准频率；$\boldsymbol{\omega}$ 表示 $N_G\times1$ 发电机转子角速度矢量；$\boldsymbol{I}_{N_G\times1}$ 表示 $N_G\times1$ 的单位矢量；$\boldsymbol{J}$ 表示 $N_G\times N_G$ 的对角矩阵，对角元素为对应发电机的惯性时间常数；$\boldsymbol{P}_m$ 表示 $N_G\times1$ 发电机的机械功率且在暂态过程中保持恒定；$\boldsymbol{P}_e$ 表示 $N_G\times1$ 发电机的电磁功率；$\boldsymbol{D}$ 表示 $N_G\times N_G$ 的对角矩阵，其对角元素为对应发电机的阻尼系数；N_G 表示系统中发电机的数量。负荷模型采用恒阻抗模型。

在研究系统的网络方程时，为了方便推导，对交流节点按发电机节点（N_G）、交直流连接节点（N_D）、负荷节点（N_L）的顺序编号。则系统的网络方程可以写成

$$\begin{bmatrix}\boldsymbol{Y}_{GG} & \boldsymbol{Y}_{GD} & \boldsymbol{Y}_{GL}\\ \boldsymbol{Y}_{DG} & \boldsymbol{Y}_{DD} & \boldsymbol{Y}_{DL}\\ \boldsymbol{Y}_{LG} & \boldsymbol{Y}_{LD} & \boldsymbol{Y}_{LL}\end{bmatrix}\begin{bmatrix}\dot{\boldsymbol{V}}_G\\ \dot{\boldsymbol{V}}_D\\ \dot{\boldsymbol{V}}_L\end{bmatrix}=\begin{bmatrix}\dot{\boldsymbol{I}}_G\\ \dot{\boldsymbol{I}}_D\\ \dot{\boldsymbol{I}}_L\end{bmatrix} \tag{6-11}$$

其中，矩阵 $\boldsymbol{Y}_{GG}\sim\boldsymbol{Y}_{LL}$ 是交流系统导纳矩阵的分块矩阵；矩阵 $\dot{\boldsymbol{V}}_G$、$\dot{\boldsymbol{V}}_D$ 和 $\dot{\boldsymbol{V}}_L$ 分别是发电机、VSC 和负荷节点的电压向量。

由于负荷节点的注入电流等于零，即 $\dot{\boldsymbol{I}}_L=0$，因此新的交流网络方程可表示如下：

$$\begin{bmatrix}\tilde{\boldsymbol{Y}}_{GG} & \tilde{\boldsymbol{Y}}_{GD}\\ \tilde{\boldsymbol{Y}}_{DG} & \tilde{\boldsymbol{Y}}_{DD}\end{bmatrix}\begin{bmatrix}\dot{\boldsymbol{V}}_G\\ \dot{\boldsymbol{V}}_D\end{bmatrix}=\begin{bmatrix}\dot{\boldsymbol{I}}_G\\ \dot{\boldsymbol{I}}_D\end{bmatrix} \tag{6-12}$$

其中，

$$\tilde{\boldsymbol{Y}}_{GG}=\boldsymbol{Y}_{GG}-\boldsymbol{Y}_{GL}\boldsymbol{Y}_{LL}{}^{-1}\boldsymbol{Y}_{LG},\quad \tilde{\boldsymbol{Y}}_{GD}=\boldsymbol{Y}_{GD}-\boldsymbol{Y}_{GL}\boldsymbol{Y}_{LL}{}^{-1}\boldsymbol{Y}_{LD}$$
$$\tilde{\boldsymbol{Y}}_{DG}=\boldsymbol{Y}_{DG}-\boldsymbol{Y}_{DL}\boldsymbol{Y}_{LL}{}^{-1}\boldsymbol{Y}_{LG},\quad \tilde{\boldsymbol{Y}}_{DD}=\boldsymbol{Y}_{DD}-\boldsymbol{Y}_{DL}\boldsymbol{Y}_{LL}{}^{-1}\boldsymbol{Y}_{LD} \tag{6-13}$$

定义逆运算符“—”，表示运算符上下两行向量元素分别对应相除，则直流注入电流 $\dot{\boldsymbol{I}}_D$ 可表示为

$$\dot{\boldsymbol{I}}_D=\left(\frac{\boldsymbol{P}_{\mathrm{DC}}}{\dot{\boldsymbol{V}}_D}\right)^* \tag{6-14}$$

将式（6-13）、式（6-14）代入式（6-12），可得：

$$\dot{\boldsymbol{V}}_G=\tilde{\boldsymbol{Y}}_{DG}^{-1}\frac{\boldsymbol{P}_{\mathrm{DC}}}{\dot{\boldsymbol{V}}_D^*}-\tilde{\boldsymbol{Y}}_{DG}^{-1}\tilde{\boldsymbol{Y}}_{DD}\dot{\boldsymbol{V}}_D \tag{6-15}$$

$$\dot{\boldsymbol{I}}_G=(\tilde{\boldsymbol{Y}}_{GD}-\tilde{\boldsymbol{Y}}_{GG}\tilde{\boldsymbol{Y}}_{DG}^{-1}\tilde{\boldsymbol{Y}}_{DD})\dot{\boldsymbol{V}}_D+\left(\tilde{\boldsymbol{Y}}_{GG}\tilde{\boldsymbol{Y}}_{DG}^{-1}\frac{\boldsymbol{I}_{N_G\times 1}}{\dot{\boldsymbol{V}}_D{}^*}\right)\boldsymbol{P}_{\mathrm{DC}} \tag{6-16}$$

定义运算符“⊗”，表示左右两列向量对应元素分别相乘。通过发电机的机端电压和节点电流可以得到发电机的输出功率：

$$\boldsymbol{P}_G=\mathrm{Re}(\dot{\boldsymbol{V}}_G\otimes\dot{\boldsymbol{I}}_G^*)=\mathrm{Re}\left[\dot{\boldsymbol{V}}_G\otimes\left((\tilde{\boldsymbol{Y}}_{GD}-\tilde{\boldsymbol{Y}}_{GG}\tilde{\boldsymbol{Y}}_{DG}^{-1}\tilde{\boldsymbol{Y}}_{DD})\dot{\boldsymbol{V}}_D\right)^*\right]+\mathrm{Re}\left[\dot{\boldsymbol{V}}_G\otimes\left(\tilde{\boldsymbol{Y}}_{GG}\tilde{\boldsymbol{Y}}_{DG}^{-1}\frac{\boldsymbol{I}_{N_G\times 1}}{\dot{\boldsymbol{V}}_D{}^*}\right)^*\boldsymbol{P}_{\mathrm{DC}}\right] \tag{6-17}$$

由于发电机机端电压 $\dot{\boldsymbol{V}}_G$ 和直流端口电压 $\dot{\boldsymbol{V}}_D$ 都是可以测量的，并认为它们在一个时间步长的积分下保持不变，因此式（6-17）可以转化成如下线性模型：

$$\boldsymbol{P}_G=\boldsymbol{K}_{\mathrm{DC}}+\boldsymbol{Z}_{\mathrm{DC}}\boldsymbol{P}_{\mathrm{DC}} \tag{6-18}$$

其中，

$$\boldsymbol{K}_{\mathrm{DC}}=\mathrm{Re}\left[\dot{\boldsymbol{V}}_G\otimes\left((\tilde{\boldsymbol{Y}}_{GD}-\tilde{\boldsymbol{Y}}_{GG}\tilde{\boldsymbol{Y}}_{DG}^{-1}\tilde{\boldsymbol{Y}}_{DD})\dot{\boldsymbol{V}}_D\right)^*\right] \tag{6-19}$$

$$\boldsymbol{Z}_{\mathrm{DC}}=\mathrm{Re}\left[\dot{\boldsymbol{V}}_G\otimes\left(\tilde{\boldsymbol{Y}}_{GG}\tilde{\boldsymbol{Y}}_{DG}^{-1}\frac{\boldsymbol{I}_{N_G\times 1}}{\dot{\boldsymbol{V}}_D{}^*}\right)^*\boldsymbol{P}_{DC}\right] \tag{6-20}$$

可得交直流系统的线性模型：

$$\boldsymbol{P}_G=\boldsymbol{K}_{\mathrm{DC}}+\boldsymbol{Z}_{\mathrm{DC}}\boldsymbol{Y}_{\mathrm{MTDC}}\left(\boldsymbol{P}_{\mathrm{DC0}}+\Delta\boldsymbol{P}_{\mathrm{DC0}}\right)=\boldsymbol{K}+\boldsymbol{Z}\Delta\boldsymbol{P}_{\mathrm{DC0}} \tag{6-21}$$

其中，$\Delta\boldsymbol{P}_{\mathrm{DC0}}$ 为换流器功率指令设定值的改变量；

$$\boldsymbol{K}=\boldsymbol{K}_{\mathrm{DC}}+\boldsymbol{Z}_{\mathrm{DC}}\boldsymbol{Y}_{\mathrm{MTDC}}\boldsymbol{P}_{\mathrm{DC0}} \tag{6-22}$$

$$Z = Z_{DC} Y_{MTDC} \tag{6-23}$$

6.3 二次型最优控制器的设计

抑制交流系统振荡的常规方法是采用负反馈控制，具体方法是将发电机的转速偏差反馈量加到换流器功率指令设定值处，从而改变换流器的有功出力，提高交流系统的暂态稳定性。该控制过程可表示为

$$\Delta P_{DC0} = \mathrm{diag}(K_f) \times (\omega_G - \omega_s) \tag{6-24}$$

其中，diag()是对角矩阵；K_f是控制的反馈比例矩阵；ω_G和ω_s是发电机和系统的转速矩阵[2]。

普通的反馈控制可以改善整个交直流混联系统的暂态稳定性，但忽略了各个换流器反馈控制器间的协调配合，并不能给出提升交直流混联系统暂态稳定性的最优方案。因此，本节通过采用线性二次型最优控制理论设计提升交直流暂态稳定最优反馈控制，并且在仿真系统中将所提最优控制与传统反馈控制以及无附加控制进行比较，验证所提最优控制的有效性。

6.3.1 线性二次型最优控制理论

如果一个系统是线性的，性能泛函是状态变量和控制变量的二次型函数的积分，则这样的最优控制问题称为线性二次型最优控制问题。对于一个如下线性系统：

$$\begin{cases} \dot{x}(t) = Ax(t) + Bu(t) \\ y(t) = Cx(t) \end{cases} \tag{6-25}$$

其中，$x(t)$是一个n阶状态向量；$u(t)$是一个r阶控制向量；$y(t)$是一个m阶输出向量；A、B、C分别是系统状态空间描述的矩阵。线性二次型最优控制的目的是控制该系统在最小控制能耗下的输出$y(t)$尽可能快地追踪期望的输出值$z(t)$。定义误差向量如下：

$$e(t) = z(t) - y(t) \tag{6-26}$$

并选择目标函数

$$J = \frac{1}{2}\int_{t=0}^{t=\infty} [e^{\mathrm{T}}(t)Qe(t) + u^{\mathrm{T}}(t)Ru(t)]\mathrm{d}t \tag{6-27}$$

其中，$\boldsymbol{Q}$ 是一个 $n\times n$ 的对称半正定矩阵；$\boldsymbol{R}$ 是一个 $r\times r$ 的对称正定矩阵。

为使得目标函数 J 取得最小值，本书采用变分法求解最优控制 $\boldsymbol{u}(t)$。首先，引入黎卡提稳态方程：

$$-\boldsymbol{PA}-\boldsymbol{A}^{\mathrm{T}}\boldsymbol{P}+\boldsymbol{PBR}^{-1}\boldsymbol{B}^{\mathrm{T}}\boldsymbol{P}-\boldsymbol{C}^{\mathrm{T}}\boldsymbol{QC}=0 \tag{6-28}$$

其中，$\boldsymbol{P}$ 是黎卡提微分方程的稳态解。

然后，引入向量微分方程：

$$[\boldsymbol{PBR}^{-1}\boldsymbol{B}^{\mathrm{T}}-\boldsymbol{A}^{\mathrm{T}}]\boldsymbol{g}(t)-\boldsymbol{C}^{\mathrm{T}}\boldsymbol{Qz}(t)=0 \tag{6-29}$$

其中，$\boldsymbol{g}(t)$是当 $t\rightarrow\infty$，向量微分方程趋于稳态的一个有限函数解。

因此，可得到使目标函数 J 取最小值的最优控制律：

$$\boldsymbol{u}(t)=-\boldsymbol{R}^{-1}\boldsymbol{B}^{\mathrm{T}}\left[\boldsymbol{Px}(t)-\boldsymbol{g}(t)\right] \tag{6-30}$$

6.3.2 交直流混联系统最优控制器的设计

将式（6-30）所表示的发电机的有功出力代入发电机的转子运动方程，得

$$\boldsymbol{J}\dot{\boldsymbol{\omega}}=\boldsymbol{P}_m-\boldsymbol{K}-\boldsymbol{Z}\Delta\boldsymbol{P}_{\mathrm{DC0}}-\boldsymbol{D}(\boldsymbol{\omega}-\boldsymbol{I}_{N_G\times 1}) \tag{6-31}$$

对式（6-31）进行整理可得到如下形式：

$$\dot{\boldsymbol{\omega}}=-\boldsymbol{J}^{-1}\boldsymbol{D\omega}-\boldsymbol{J}^{-1}\boldsymbol{Z}\Delta\boldsymbol{P}_{\mathrm{DC0}}+\boldsymbol{F} \tag{6-32}$$

其中，

$$\boldsymbol{F}=\boldsymbol{J}^{-1}(\boldsymbol{P}_m-\boldsymbol{K}+\boldsymbol{DI}_{N_G\times 1}) \tag{6-33}$$

为了将式（6-32）化简成线性方程，令 $\boldsymbol{\omega}_N=\boldsymbol{\omega}-\boldsymbol{D}^{-1}\boldsymbol{JF}$，有

$$\dot{\boldsymbol{\omega}}_N=-\boldsymbol{J}^{-1}\boldsymbol{D\omega}_N-\boldsymbol{J}^{-1}\boldsymbol{Z}\Delta\boldsymbol{P}_{\mathrm{DC0}} \tag{6-34}$$

交直流系统的线性方程可表示如下：

$$\begin{cases}\dot{\boldsymbol{\omega}}_N=-\boldsymbol{J}^{-1}\boldsymbol{D\omega}_N-\boldsymbol{J}^{-1}\boldsymbol{Z}\Delta\boldsymbol{P}_{\mathrm{DC0}}\\ \boldsymbol{\omega}_N=\boldsymbol{I}_{G_N\times G_N}\boldsymbol{\omega}_N\end{cases} \tag{6-35}$$

可以得到交直流系统的状态空间描述矩阵：

$$\begin{cases}\boldsymbol{A}=-\boldsymbol{J}^{-1}\boldsymbol{D}\\ \boldsymbol{B}=-\boldsymbol{J}^{-1}\boldsymbol{Z}\\ \boldsymbol{C}=\boldsymbol{I}_{G_N\times G_N}\\ \boldsymbol{y}(t)=\boldsymbol{\omega}_N\end{cases} \tag{6-36}$$

本书设计最优控制器的目的是使发电机的功角差尽可能快地恢复稳定，即各发电机转子的相对角速度 $\Delta\omega$尽快趋近于 0。因此，式（6-36）中的各参数选择如下：

$$\begin{cases} \boldsymbol{e}(t)=\boldsymbol{\omega} \\ \boldsymbol{Q}=n_q\begin{pmatrix} N_G-1 & -1 & \cdots & -1 \\ -1 & N_G-1 & \cdots & -1 \\ \vdots & \vdots & \ddots & \vdots \\ -1 & -1 & \cdots & N_G-1 \end{pmatrix}_{N_G\times N_G} \\ \boldsymbol{R}=n_r\boldsymbol{I}_{N_D\times N_D} \end{cases} \tag{6-37}$$

其中，n_q 和 n_r 为常数。

当选择式（6-36）中的参数时，式（6-27）所描述的目标函数可表示为

$$J=\frac{1}{2}\int_{t=0}^{t=\infty}\left[\sum_{\substack{i,j\in S_{NG}\\ i\neq j}} n_q(\omega_i-\omega_j)^2+\sum_{k=1}^{N_D} n_r u_k(t)^2\right]\mathrm{d}t \tag{6-38}$$

控制目标是使各发电机转子的相对角速度 $\Delta\omega$尽快趋近于 0，从而可以提高系统的稳定性。对于交直流系统的线性方程和目标函数，应用所提的变分法可得到使目标函数 J 取最小值的最优控制律 $\boldsymbol{u}(t)$。此时，换流器的功率指令设定值变为 $\boldsymbol{P}_{\mathrm{DC0}}+\boldsymbol{u}(t)$。

6.4 带约束最优控制器的设计

抑制电力系统振荡的常规方法是将某些发电机转速偏差加到换流器功率设定点，以改变暂态过程中换流器的有功出力，提升系统暂态稳定，该过程可由下式表示：

$$\Delta\boldsymbol{P}_{\mathrm{DC0}}=\mathrm{diag}(\boldsymbol{K}_f)\times(\boldsymbol{\omega}_G-\boldsymbol{\omega}_s) \tag{6-39}$$

式中，diag()是对角矩阵；$\boldsymbol{K}_f$是控制的反馈比例矩阵；$\boldsymbol{\omega}_G$ 和 $\boldsymbol{\omega}_s$ 是发电机和系统的转速矩阵。

在传统的反馈控制中，该过程可以提高整个系统的暂态稳定性，但不能给出提升系统稳定性的最优方案，也不能充分利用换流器的能力来提高电力系统的稳

定性。因此，本节提出一种基于 VSC 的 MTDC 系统的新型最优控制方法，以提升交直流混联系统的暂态稳定性。所提出的控制方法的性能指标定义为

$$J=\int_0^{\infty}(\boldsymbol{x}^{\mathrm{T}}\boldsymbol{Q}\boldsymbol{x}+\boldsymbol{u}^{\mathrm{T}}\boldsymbol{R}\boldsymbol{u})\mathrm{d}t \tag{6-40}$$

式中，$\boldsymbol{Q}$ 和 $\boldsymbol{R}$ 是设定的半正定矩阵；状态变量 $\boldsymbol{x}$ 和控制变量 $\boldsymbol{u}$ 表示发电机的转子转速偏差和换流器初始功率设定点。

为确保交直流混联系统的安全运行，应满足以下运行约束条件，包括直流母线电压约束、直流线电流限制和换流器的功率限制[8]：

$$\begin{cases}\boldsymbol{V}_{\min}^{\mathrm{DC0}}\leqslant \mathrm{inv}(\boldsymbol{Y}_{\mathrm{DC}})\boldsymbol{P}^{\mathrm{DC0}}+\boldsymbol{V}^{\mathrm{DC0}}\leqslant \boldsymbol{V}_{\max}^{\mathrm{DC0}}\\ \boldsymbol{I}_{\min}\leqslant(\boldsymbol{V}_j^{\mathrm{DC}}-\boldsymbol{V}_i^{\mathrm{DC}})\boldsymbol{Y}_{ji}\leqslant \boldsymbol{I}_{\max}\\ \boldsymbol{P}_{\mathrm{DC}\min}\leqslant \boldsymbol{Y}_{\mathrm{MTDC}}\boldsymbol{P}^{\mathrm{DC0}}\leqslant \boldsymbol{P}_{\mathrm{DC}\max}\end{cases} \tag{6-41}$$

因此，通过求解由式（6-41）构造的优化问题，可获得由 MTDC 改善交直流混联系统暂态稳定性的最优控制律。最优控制率的求解方法如下所述。

为了求解上述构成的最优化问题，首先需对目标函数、等式约束和不等式约束进行离散化处理。对于某一时段的最优控制模型表示为

$$\begin{cases}\min\quad J=\boldsymbol{x}\{(n+1)T\}^{\mathrm{T}}\boldsymbol{Q}\boldsymbol{x}\{(n+1)T\}+\boldsymbol{u}\{nT\}^{\mathrm{T}}\boldsymbol{R}\boldsymbol{u}\{nT\}\\ \mathrm{s.t.}\\ \dfrac{\boldsymbol{x}\{(n+1)T\}-\boldsymbol{x}\{nT\}}{T}=f(\boldsymbol{x}\{nT\},\boldsymbol{y}\{nT\},\boldsymbol{u}\{nT\})\\ \mathrm{g}(\boldsymbol{x}\{nT\},\boldsymbol{y}\{nT\},\boldsymbol{u}\{nT\})=0\\ \boldsymbol{V}_{\min}^{\mathrm{DC0}}\leqslant \boldsymbol{V}^{\mathrm{DC}}\{nT\}\leqslant \boldsymbol{V}_{\max}^{\mathrm{DC0}}\\ \boldsymbol{I}_{\min}\leqslant \boldsymbol{I}\{nT\}\leqslant \boldsymbol{I}_{\max}\\ \boldsymbol{P}_{\mathrm{DC}\min}\leqslant \boldsymbol{P}_{\mathrm{DC}}\{nT\}\leqslant \boldsymbol{P}_{\mathrm{DC}\max}\end{cases} \tag{6-42}$$

上述优化模型的物理意义表示为依据系统 nT 时刻的转子转速值 $x(nT)$，施加何种最优控制 $u(nT)$，使得依据系统模型求取的$(n+1)T$ 时刻的转子转速偏差的二范数和第 nT 时刻施加的控制量的能耗最小。其中，T 为离散时间间隔（采样时间），本书设置 T=20ms，在系统运动过程中认为在某一离散的时间间隔内状态变量保持不变。由式（6-42）构成的非线性二次优化问题可由内点法求解，由 MATLAB 中

的 fmincon()函数实现。最优控制的实现示意如图 6-1 所示。

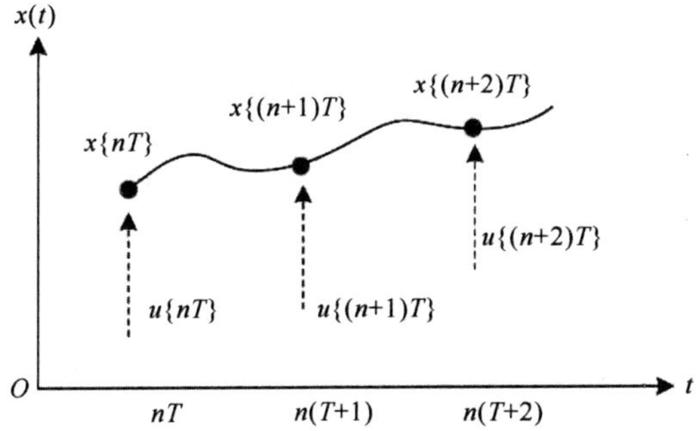

图 6-1 最优控制实现示意

6.5 算例分析

为了验证本章所提线性二次型最优控制的有效性，对图 6-2 所描述的三机九节点交直流混联系统进行仿真分析，分析系统在发生三相接地故障和负荷突然扰动时的动态过程。如图 6-2 所示，3 台发电机（G1，G2，G3）采用经典模型，直流端口（T1，T2，T3）分别通过换流器（C1，C2，C3）与交流系统相连。所有换流站均运行在电压下垂控制模式，系统的相关参数见表 6-1。

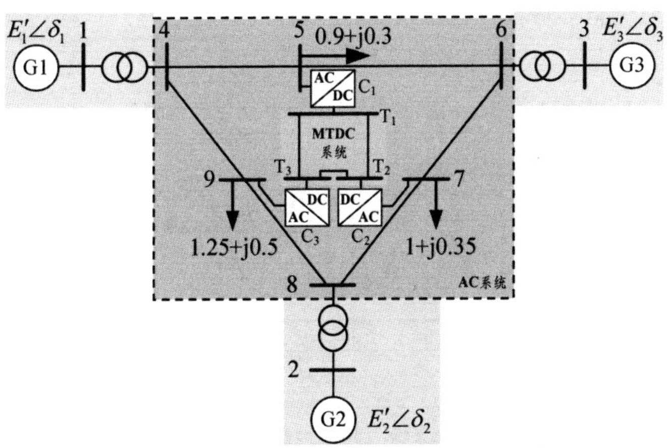

图 6-2 多机交直流系统拓扑图

表 6-1　交直流混联系统的参数

符号	名称	数值
$H_{1\sim3}$	发电机惯性时间常数（G1～G3）/s	23.64，6.4，3.01
$E'_{q1}\sim E'_{q3}$	发电机暂态电抗（G1～G3）/p.u.	1.0560，1.0502，1.017
$r_{12\sim23}$	直流线路阻抗（12，13，23）/mΩ	12，20，15
$K_{1\sim3}$	换流器下垂控制参数	20，10，12
$P_{1\sim3}^{DC0}$	换流器功率参考值/p. u.	0.4，0.1，–0.5

6.5.1　交流系统三相接地故障

交流侧故障可能导致系统的失稳，而三相接地故障是交流系统中最严重的故障，因此本书将研究在交流系统发生三相接地故障时，所提最优控制对 MTDC 系统暂态稳定性的影响。

在 t=0.4s 时，在交流母线 5 处发生三相接地故障，0.116s 后故障清除，图 6-3 反映了采用不同控制策略时，交直流混联系统在发生三相接地故障时的动态响应过程。

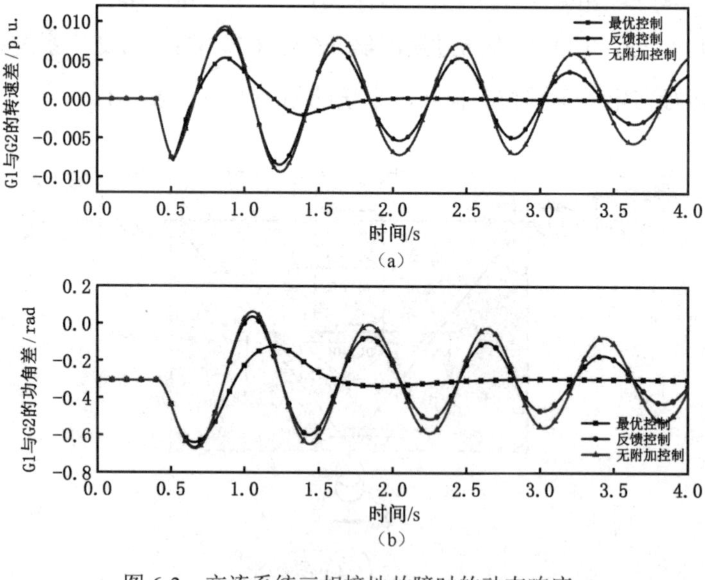

图 6-3　交流系统三相接地故障时的动态响应

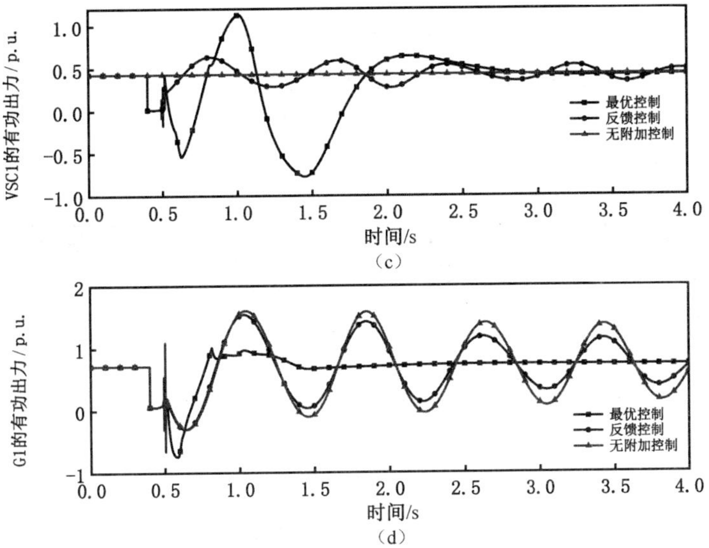

图 6-3　交流系统三相接地故障时的动态响应（续图）

由图 6-3 可知，当交流母线 5 发生三相接地故障时，同步发电机 G1 和 G2 的转子间存在转速差，因此发电机 G1 和 G2 的功角差发生振荡。如图 6-3（a）（b）所示，在无附加控制以及采用普通反馈控制时，同步发电机 G1 和 G2 转子的功角差受扰后呈低阻尼振荡并在较长时间内趋于稳态值；而加入最优控制后，同步发电机 G1 和 G2 转子功角差的第一次摇摆明显减小，并且很快恢复到了稳定状态。可见，本书所提最优控制可在很大程度上改善系统的暂态稳定性，并有助于系统在交流故障后快速恢复至稳定状态。从图 6-3（c）（d）中可以看出，施加的最优控制 $\boldsymbol{u}(t)$会改变直流节点的功率指令设定值，从而改变各发电机的有功出力，使各发电机转子的功角差趋于稳定，改善电力系统的暂态稳定性。

6.5.2　负荷突然扰动

电力系统中的负荷都是随时变化的，当负荷出现较大的变化时，可能导致发电机失去同步，进而使得一些发电机和负荷被迫切除，严重情况下甚至导致系统的解列或瓦解。本书将研究所提最优控制在系统负荷突然扰动时对 MTDC 系统暂态稳定性的影响。

在 t=0.4s 时，在交流母线 7 处的负荷突然增加了 1p.u.，并且在 0.116s 后负荷恢复至原来水平。图 6-4 反映了交直流混联系统在发生负荷突然扰动时的动态响应过程。

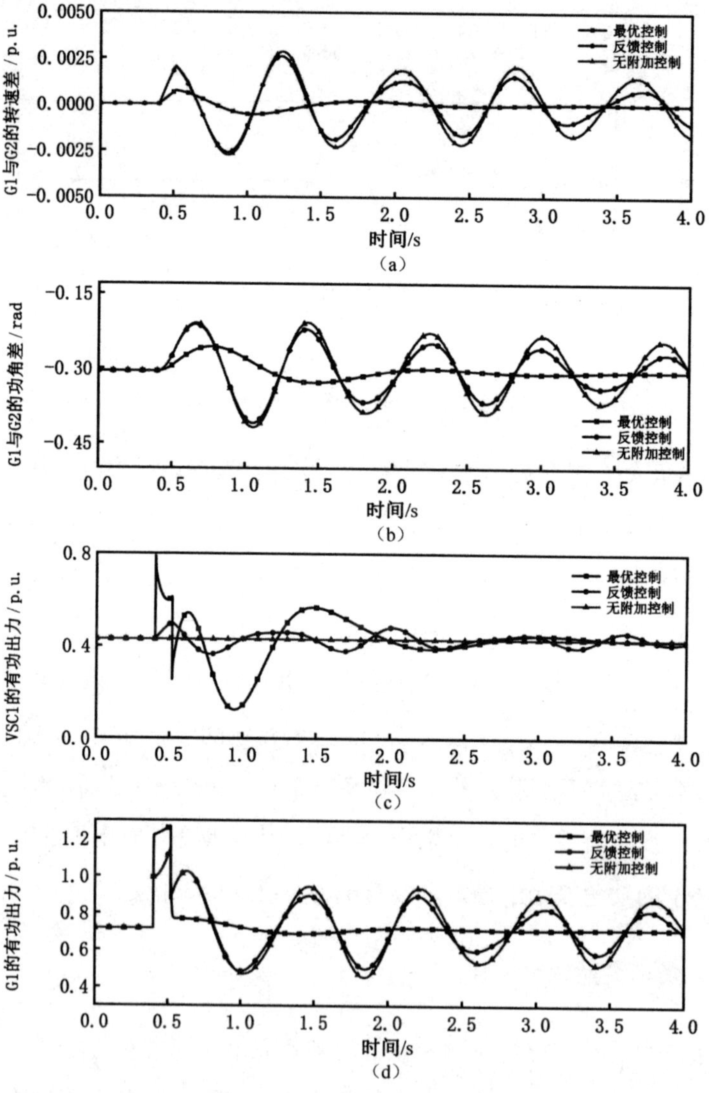

图 6-4　负荷突然扰动时的动态响应

由图 6-4 可知，当交流母线 7 处的负荷突然增加时，发电机发出功率与负荷功率存在不平衡，将导致发电机 G1 和 G2 间的转速和功角差的摇摆。图 6-4（a）（b）比较了 3 种控制方式，即在不加任何控制、传统反馈控制及本书所提最优控制方式下，系统的动态行为。由图 6-4（a）可知，在最优控制下发电机 G1 和 G2 的转速差明显优于其他两种控制方式。因此，G1 和 G2 功角差的第一摇摆也得到了明显抑制，交直流系统的稳定性得到有效的提升。此外，图 6-4（c）中 VSC1 的有功功率曲线表明，在最优控制和传统反馈控制方式下，有功功率的变化幅值和频率明显高于不加任何控制。此特性说明在最优控制和传统反馈控制方式下，利用直流功率的快速调制可有效抑制暂态过程中发电机间的摇摆。因此，如图 6-4（d）所示，通过直流功率快速调制可有效平滑发电机 G1 的暂态功率振荡，极大提升交直流系统的稳定性。通过暂态仿真表明，基于线性最优的直流紧急功率控制利用了换流器快速功率调制的特性，改善了系统暂态性能，抑制了大干扰下机组间的第一摇摆。

参考文献

[1] 唐庚，徐政，刘昇，等．适用于多端柔性直流输电系统的新型直流电压控制策略[J]．电力系统自动化，2013，37（15）：125-132.

[2] 张立奎，张英敏．混合多端直流输电系统附加控制器设计[J]．电力系统保护与控制，2016，44（02）：128-133.

[3] 杨堤，程浩忠，姚良忠，等．基于电压控制特性的电压源型多端直流/交流系统潮流求解[J]．电力系统自动化，2016，40（06）：42-48.

[4] LI Y, WU L, LI J, et al. DC Fault Detection in MTDC Systems Based on Transient High Frequency of Current[J]. IEEE Transactions on Power Delivery, 2019, 34(3): 950-962.

[5] 于汀，胡林献，姜志勇．多端直流系统接线和控制方式对暂态稳定性的影响[J]．电网技术，2010，34（02）：87-91.

[6] LI Y, REHTANZ C, RUBERG S, et al. Assessment and Choice of Input Signals

for Multiple HVDC and FACTS Wide-Area Damping Controllers[J]. IEEE Transactions on Power Systems, 2012, 27(4): 1969-1977.

[7] 邓旭，王东举，沈扬，等．舟山多端柔性直流输电工程换流站内部暂态过电压[J]．电力系统保护与控制，2013，41（18）：111-119.

[8] SMED T, ANDERSSON G. Utilizing HVDC to damp power oscillations[J]. IEEE Transactions on Power Delivery, 1993, 8(2): 620-627.

[9] HARNEFORS L, JOHANSSON N, ZHANG L, et al. Interarea Oscillation Damping Using Active-Power Modulation of Multiterminal HVDC Transmissions[J]. IEEE Transactions on Power Systems, 2014, 29(5): 2529-2538.

[10] 吴蒙，贺之渊，阎发友，等．下垂控制对直流电网动态电压稳定性的影响分析[J]．电力系统保护与控制，2019，47（10）：8-15.

[11] 刘洪波，边娣，孙黎，等．交直流混联系统机电—电磁暂态混合仿真研究[J]. 电力系统保护与控制，2019，47（17）：39-47.

[12] 李鹏，李鑫明，陈安伟，等．交直流混合微网交直潮流断面协调最优控制[J]. 中国电机工程学报，2017，37（13）：3755-3763.

第 7 章　特高压直流最优落点规划

在高压直流输电工程设计中，合理选择直流落点是优化工程设计、降低工程投资、确保工程安全稳定运行的基础。高压直流输电落点的选择有许多原则，如：符合电力系统规划的要求，便于电能汇集或消纳，适应地区电网长远发展，满足系统安全稳定运行要求。在技术条件许可、系统安全稳定有保障、直流运行稳定条件下，直流落点应优先考虑市场空间较大、增长速度较快的地区，同时落点应当考虑在 N-1 故障后紧急潮流调度能力。

本章针对 LCC-HVDC 与 VSC-HVDC 的不同应用场景，分别提出了优化规划模型，实现对两种高压直流输电落点的最优选址。针对 LCC-HVDC，考虑区域长短期发展负荷平衡、稳定性以及运行成本，构建落点多目标优化模型；针对 VSC-HVDC，通过辨识系统所有 N-1 故障，综合考虑紧急潮流调度能力，构建面向全 N-1 故障场景的选址定容优化模型。

7.1　LCC-HVDC 最优落点规划方法

综合考虑直流落点评价指标有效短路比（*ESCR*）、长短期负荷缺额、有功功率损耗等进行最优落点选择。在本节中，将直流落点的选择问题归结为多目标决策范畴，基于线性加权和法建立目标函数，以此目标函数作为一种最优直流落点选择的方法[3]。

7.1.1　稳定性指标

稳定性指标反映特高压落点拟选区域确定之后，系统在经受可能的扰动后能否满足稳定特性要求继续向用户供电的能力。由于特高压接入拟选区域电网之后，对于电网的稳定性具有重要影响，因此主要从有效短路比指标（*ESCR*）和静态电压稳定指标（*VSI*）两个方面来分析不同特高压落点接入对电网稳定性的影响。

（1）有效短路比指标。从 HVDC 系统性能的角度看，考虑 *ESCR* 更有意义，该指标反映了交流系统相对于直流输电容量的强弱程度，计及了高压直流系统端点处无功设备对短路容量的影响，包括了交流侧设备和直流系统的滤波器、并联电容器、同步调相机等的共同影响。该指标用 *ESRC* 表示如下：

$$ESCR = \frac{S_{ac} - Q_{cN}}{P_{dN}} \tag{7-1}$$

式中，S_{ac} 为系统短路容量；Q_{cN} 为无功补偿容量；P_{dN} 为直流换流器额定容量。

ESCR 越大，则受端系统在保持稳定状态下能承受的特高压直流输电容量越高，系统稳定性也越高，因此 *ESCR* 可作为目标函数。

（2）静态电压稳定指标。当负荷在某一功率水平下，负荷母线无功功率发生小扰动时，注入母线无功功率的变化量与母线电压变化量的比值即为静态电压稳定指标。换流母线的静态电压稳定指标用 *VSI* 表示如下：

$$VSI = \frac{dQ_{ac}}{dU} + \frac{dQ_d}{dU} - \frac{dQ_c}{dU} \approx \frac{\Delta Q_{ac}}{\Delta U} + \frac{\Delta Q_d}{\Delta U} - \frac{\Delta Q_c}{\Delta U} \tag{7-2}$$

式中，Q_{ac} 为换流母线处的交流无功功率；Q_d 为换流母线处的直流无功功率；Q_c 为换流母线处并联的无功补偿设备所提供的无功补偿容量。

上式中相关参数的具体计算方式如下：

$$\begin{cases} Q_{ac} = \dfrac{1}{|Z|}(U^2 \sin\theta - EU\sin(\delta + \theta)) \\ Q_d = CU^2(2\mu + \sin 2\gamma - \sin(2\gamma + 2\mu)) \\ Q_c = B_c U^2 \\ Q_d + Q_{ac} - Q_c = 0 \end{cases} \tag{7-3}$$

亦即：

$$\begin{cases} \Delta Q_{ac} = \dfrac{1}{|Z|}\left[(2U\sin\theta - E\sin(\delta+\theta)) + \dfrac{(2U\cos\theta - EU\cos(\delta+\theta))\cos(\delta+\theta)}{\sin(\delta+\theta)}\right]\Delta U \\ \Delta Q_d = 2CU\left[(2\mu + \sin 2\gamma - \sin(2\gamma+2\mu)) - \dfrac{(\cos 2\gamma - \cos(2\gamma+2\mu))(1-\cos(2\gamma+2\mu))}{\sin(2\gamma+2\mu)}\right]\Delta U \\ \Delta Q_c = 2B_c U \Delta U \end{cases}$$

$$\tag{7-4}$$

式中，γ 为熄弧角；μ 为换相角；E 为交流系统等值电动势；Z 为交流系统戴维南等值阻抗；C 为与换流变压器参数及直流系统基准值有关的常数。

在 Q_{ac} 确定的情况下，E 和 δ 随着 $|Z|$ 的变化而变化，而 $|Z|$ 又可以通过 $ESCR$ 来表示：

$$\frac{1}{|Z|}=ESCR+\frac{Q_{cN}}{P_{dN}} \tag{7-5}$$

由此，在典型换流站设备下 VSI 与 $ESCR$ 的换算关系为

$$VSI=(ESCR+0.6)\left(2-E\cos\delta-\frac{E\sin^2\delta}{\cos\delta}\right)-1.704 \tag{7-6}$$

母线 VSI 值大于静态电压门槛值时，系统即为稳定的。因此，VSI 可作为优化目标函数中的不等式约束，对各母线静态电压做出约束。

7.1.2 经济性指标

（1）长短期功率负荷缺额。HVDC 的建设需尽可能满足落点及周边区域的长短期功率负荷缺额，因此可将当前功率平衡情况以及未来 5～10 年负荷发展预测值作为经济性评价指标。负荷缺额带来的经济损失定义为

$$M=\sigma P \tag{7-7}$$

式中，M 为功率缺额折算的经济成本；P 为该区域的功率缺额；σ 为折算因子（单位：元/kW）。需注意，对于一个相近区域，区域内所有节点功率缺额数值一致。

（2）有功功率损耗。直流落点落于交流系统的不同节点，根据端交流系统的潮流分布会相应地改变，同时网络损耗也会有较大差异。因此，选择有功功率损耗作为经济性评价指标。

有功功率损耗用 P_{loss} 表示：

$$P_{\text{loss}}=\sum_{k=1}^{N_k}G_k(i,j)(V_i^2+V_j^2-2V_iV_j\cos(\theta_i-\theta_j)) \tag{7-8}$$

式中，N_k 为系统支路数；$G_k(i,j)$ 为支路电导；V_i、V_j、θ_i、θ_j 分别为各点电压的幅值与相角。

有功功率损耗越低，系统运行成本越低。考虑 HVDC 长期运行的经济效益，需要有功功率损耗越低越好，因此将有功功率损耗作为目标函数。

7.1.3 目标函数

采用线性加权和法，通过对多个指标加权求和后将多目标问题转化为单目标问题，形式简单、便于计算。因此，本书基于线性加权和法建立直流落点选择的目标函数，分别为 $ESCR$ 最大（$f_1(x)$）、VSI 最大（$f_2(x)$）以及 P_{loss} 最小（$f_3(x)$）。

基于线性加权和法建立直流落点选择的目标函数表示为

$$\min F(x)=\omega_1 f_1(x)+\omega_2 f_2(x)+\omega_3 f_3(x) \tag{7-9}$$

式中，$f_1(x)$ 表示有效短路比指标；$f_2(x)$ 表示静态电压稳定指标；$f_3(x)$ 表示有功功率损耗指标；ω_1、ω_2、ω_3 分别表示其权系数，且

$$f_2(x)=M_1+M_2 \tag{7-10}$$

式中，M_1 为当前功率缺额实际值；M_2 为未来五年的功率缺额预测值。目标函数 $F(x)$最小的点为直流换流站最优落点。

该方法适用于多个目标函数值在同一数量级下的多目标决策问题[9]。因此，建立目标函数需要解决两个问题：一是将多个目标用同一尺度统一起来；二是如何找到合理的权系数。

由于短路比、长短期功率负荷缺额以及受端交流系统的有功功率损耗这 3 个目标并不在一个数量级上，直接对这些指标线性加权很可能造成结果不合理，因此非常有必要先对指标进行归一化处理。

为了使目标函数值取极小值，对 3 个指标进行如下归一化处理：

$$\begin{cases} f_1(x)=ESCR'=\max\left\{\dfrac{ESCR_{max}-ESCR}{ESCR_{max}-ESCR_{min}},\dfrac{ESCR_{max}-ESCR_{margin}}{ESCR_{max}-ESCR_{min}}\right\} \\ f_2(x)=M_1'+M_2'=\dfrac{M_1-M_{1,min}}{M_{1,max}-M_{1,min}}+\dfrac{M_2-M_{2,min}}{M_{2,max}-M_{2,min}} \\ f_3(x)=P'=\dfrac{P-P_{min}}{P_{max}-P_{min}} \end{cases} \tag{7-11}$$

式中，$ESCR_{max}$，$ESCR_{min}$，$M_{1,max}$，$M_{1,min}$，$M_{2,max}$，$M_{2,min}$，P_{max}，P_{min} 分别

为相应指标的最大值与最小值；$ESCR_{margin}$ 为有效短路比指标的门槛值。

7.1.4 约束条件

交流节点有功功率、无功功率平衡约束：

$$P_{gi}-P_{di}-P_{si}=U_i\sum_{j=1}^{n}U_j(G_{ij}\cos\theta_{ij}+B_{ij}\sin\theta_{ij}) \tag{7-12}$$

$$Q_{gi}-Q_{di}-Q_{si}=U_i\sum_{j=1}^{n}U_j(G_{ij}\sin\theta_{ij}-B_{ij}\cos\theta_{ij}) \tag{7-13}$$

HVDC 功率限制：

$$P_{dc}^{min}\leqslant P_{dc}^{s}\leqslant P_{dc}^{max} \tag{7-14}$$

节点电压和支路电流限幅：

$$U_i^{min}\leqslant U_i\leqslant U_i^{max} \tag{7-15}$$

$$I_{ij}^{min}\leqslant I_{ij}\leqslant I_{ij}^{max} \tag{7-16}$$

发电机的功率上下限约束：

$$P_{gi}^{min}\leqslant P_{gi}\leqslant P_{gi}^{max} \tag{7-17}$$

$$Q_{gi}^{min}\leqslant Q_{gi}\leqslant Q_{gi}^{max} \tag{7-18}$$

上述式子中，P_{gi} 和 Q_{gi} 分别为发电机的有功和无功输出；P_{di} 和 Q_{di} 分别为负荷需求的有功和无功功率；P_{si} 和 Q_{si} 分别为交流系统从节点 i 向直流系统传输的有功功率和无功功率；P_{dc}^{min} 和 P_{dc}^{max} 分别为 HVDC 注入功率的下限和上限；U_i^{min} 和 U_i^{max} 分别为节点 i 电压的下限和上限；I_{ij}^{min} 和 I_{ij}^{max} 分别为分支 ij 电流的下限和上限；P_{gi}^{min} 和 P_{gi}^{max} 分别为发电机有功功率的上限和下限；Q_{gi}^{min} 和 Q_{gi}^{max} 分别为发电机无功功率的下限和上限。

根据采用判断系统静态电压稳定的判据可知，VSI>0 时系统稳定，VSI<0 时系统不稳定。但是，VSI 达到一定程度之后，系统已经表现得足够稳定，VSI 更大的点在电压稳定特性方面不能被视为更具有优势。因此，参考交流系统强弱系统的划分标准，以强受端电网 $ESCR$=5 时对应的 VSI 值作为该指标的门槛值。根据 $ESCR$ 值可以计算出 VSI 值，区域内各节点的静态电压稳定性均是最优应满足：

$$VSI_{min}>VSI_{margin} \tag{7-19}$$

式中，VSI_{min} 为静态电压稳定性指标最小值；VSI_{margin} 为有效短路比和静态电压稳定值指标的门槛值。

7.1.5 权值的确定

本书采用层次分析法（AHP）确定直流落点选择各评价指标的权值。层次分析法的核心是将决策者的经验判断定量化，增强决策的准确性，在目标结构较为复杂且缺乏统计数据的情况下更为实用。单层次化的层次分析法包括以下 4 个步骤。

（1）构建评价指标体系，建立层次结构模型。所选择的指标应满足：内涵明确，具有代表性、独立性、层次性和系统性，简捷可操作，定性与定量相结合，充分完备，可相对全面和完整地反映评价对象各方面的重要特征。

（2）构建判断矩阵。若以 A 为目标层，其下各准则指标分别为 B1，B2，⋯ Bn，则要按照它们对于 A 的相对重要性对其赋予一定的权重。常采用 1～9 标度法赋予权重。1～9 标度法中各值的具体含义见表 7-1。

表 7-1　1～9 标度法中各值的含义

b_{ij}	含义
1	B_i 与 B_j 相比，同等重要
3	B_i 与 B_j 相比，稍微重要
5	B_i 与 B_j 相比，明显重要
7	B_i 与 B_j 相比，强烈重要
9	B_i 与 B_j 相比，极其重要
2、4、6、8	位于两相邻标度的中间
倒数	已知 b_{ij} 的值，则 b_{ji} 即为其倒数

b_{ij} 的取值反映出同层次两指标之间的相对重要性。若取值在 1～9 之间，值越大，则说明与 j 相比，i 的重要程度越高。n 个被比较的下层指标构成一个判断矩阵 $\boldsymbol{B}$：

$$\boldsymbol{B}=(b_{ij})_{n\times n}=\begin{pmatrix} b_{11} & b_{12} & \cdots & b_{1n} \\ b_{21} & b_{22} & \cdots & b_{2n} \\ \vdots & \vdots & \ddots & \vdots \\ b_{n1} & b_{n2} & \cdots & b_{nn} \end{pmatrix} \tag{7-20}$$

（3）计算各指标的权重。层次分析法确定评价指标的权重，就是在建立层次化递阶指标体系的基础上，通过比较同一层各指标的相对重要性来综合计算指标的权重向量。层次分析法计算权重的流程如图 7-1 所示。

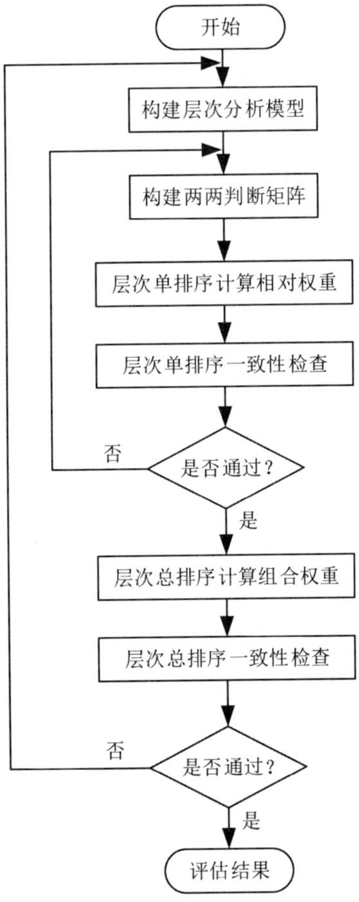

图 7-1　层次分析法计算权重的流程

（4）判断矩阵的一致性检验。构造的判断矩阵应与一致矩阵相接近，具有大体上的一致性。如果未通过一致性检验，则需要对判断矩阵进行修正，直至满足要求为止。

判断矩阵的一致性检验的内容如下。

计算一致性指标 CI：

$$CI = \frac{\lambda_{\max} - n}{n - 1} \tag{7-21}$$

计算一致性比例 CR：

$$CR = \frac{CI}{RI} \tag{7-22}$$

若 $CR<0.10$，则认为判断矩阵的一致性是可以接受的，否则应对判断矩阵进行适当修正。

7.2 VSC-HVDC 落点容量优化规划方法

考虑到特高压直流闭锁的 N-1 故障导致电网中的器件或线路易发生重载或者过载问题，研究电网在检修或者规划期间的安全可靠性，尤其是 N-1 问题显得尤为必要。相比于 LCC-HVDC，VSC-HVDC 容量更低，但换流器由自关断开关器件构成，不仅可以方便地控制潮流方向，而且在电网故障时可向故障区域提供有功功率的紧急支援与无功功率补偿，因此更加适用于解决 N-1 场景下交流线路的过载问题。本节所提 VSC-HVDC 选址定容方法，能够充分发挥高压直流输电线路的控制能力，减少 N-1 故障下过载的同时降低或避免负荷损失，实现受端网架安全稳定性能的提升[14]。

7.2.1 VSC-HVDC 的综合灵敏度因子设计

一般来说，交流线路的功率流不应超过其热极限。当电网发生 N-1 故障时，线路中的功率可能超过其热极限。因此，引入交流线路负载率的概念反映当前的支路热状况：

$$L_k^s = \left| \frac{P_{ac,k}^s}{P_{ac,k}^{max}} \right| \times 100\% \tag{7-23}$$

式中，L_k^s 为线路 k 在某种系统状态 s 下的负载率；$P_{ac,k}^s$ 为在某电力系统状态 s 下，交流线路 k 中的有功功率；$P_{ac,k}^{max}$ 为交流线路 k 的热极限，与电力系统状态无关。

根据线路负载率的定义可得，若 $L_k^s > 100\%$，则交流线路 k 过载[15]。为评估某过载线路 k 的过载程度，定义过载线路 k 的过载率 ΔL_k^s 如下：

$$\Delta L_k^s = L_k^s - 1 \tag{7-24}$$

在电力系统各种状态中，把含有过载支路的系统状态称为过载场景（系统的某种场景指的是系统的某种运行状况，即为系统的某种工况）。把所有过载场景的集合设为 Ω，取过载场景集合 Ω 中某个过载场景 s，将该过载场景下所有的过载支路的集合设为 Ψ，从中取某条过载支路 k，然后基于过载率计算结果，可计算过载支路 k 的过载率对应的权重因子 ω_k^s 如下：

$$\omega_k^s = \frac{\Delta L_k^s}{\sum_{s\in\Omega}\sum_{k\in\Psi}\Delta L_k^s} \tag{7-25}$$

上式主要根据不同过载支路上过载程度的差异确定权重因子 ω_k^s。定义某交流线路 k 的功率流变化与调控装置（如 VSC-HVDC）的功率流变化之比为功率灵敏度，用它来表征新能源并网后对电网中的交流支路 k 的潮流影响和功率调节能力，其数学表达式如下：

$$\gamma_{k,mn}^s = \frac{\Delta P_{ac,k}^s}{\Delta P_{dc}^s} \tag{7-26}$$

其中，$\gamma_{k,mn}^s$ 为基于功率传输分布系数（PTDF）获得的功率灵敏度；$\Delta P_{ac,k}^s$ 为通过交流线路 k 的功率变化量；ΔP_{dc}^s 为通过线路的功率变化。

功率灵敏度 $\gamma_{k,mn}^s$ 可以定量地评估新能源并网对交流网络是否有影响，并显示新能源并网对交流线路有功调控能力的大小，以及正负影响：若 $\gamma_{k,mn}^s > 0$，则 ΔP_{dc}^s 和 $\Delta P_{ac,k}^s$ 正相关，当 P_{dc}^s 增加时，$P_{ac,k}^s$ 也会增加；若 $\gamma_{k,mn}^s = 0$，则 ΔP_{dc}^s 和 $\Delta P_{ac,k}^s$ 不相关，即直流线路的潮流对该交流线的潮流没有影响；若 $\gamma_{k,mn}^s < 0$，则 ΔP_{dc}^s 和 $\Delta P_{ac,k}^s$ 呈负相关，当 P_{dc}^s 增大时，$P_{ac,k}^s$ 减小。

在进行新能源并网点选址时，应综合考虑线路的整体过载情况，不能只考虑一条线路过载，也不能只考虑一个过载场景。为此，设计了一种综合灵敏度因子β，由于不同运行方式下的灵敏度不相同，因此在设计综合灵敏度因子时，测试了所有线路的 N-1 故障情况，并识别其中存在的所有线路过载场景，从而使所设计的综合灵敏度因子可以囊括多个不同过载场景的综合效果。基于式（7-25）与式（7-26），根据线性加权法合成了综合灵敏度因子β。因此，连接于节点m与n之间的线路的综合灵敏度因子β_{mn}的数学表达式为

$$\beta_{mn}=\sum_{s\in\Omega}\left|\sum_{k\in\Psi}\omega_k^s\gamma_{k,mn}^s\right| \tag{7-27}$$

在式（7-27）中，由于功率灵敏度$\gamma_{k,mn}^s$带符号，因此采用绝对值符号防止不同过载场景中的灵敏度分项相互抵消。β_{mn}反映了当新能源柔性直流线路连接于节点m与n之间时，位于该接入点的 VSC-HVDC 链路对过载场景集合Ω中所有过载场景的综合调节能力。在实际运用中，式（7-27）中的场景集合Ω、支路集合Ψ由系统的网络拓扑结构决定，权重因子ω_k^s主要与线路的传输功率、额定功率有关；而线路的传输功率主要由发电机出力和负荷的功率需求决定；灵敏度$\gamma_{k,mn}^s$与输电线路的阻抗有关。综上所述，影响该综合灵敏度因子β_{mn}的主要因素是电网的拓扑结构、发电机出力、负荷功率需求、输电线路的额定功率以及输电线路的阻抗值。

将所有的综合灵敏度因子组合成一个综合灵敏度矩阵$\boldsymbol{B}$：

$$\boldsymbol{B}=\begin{bmatrix}\beta_{11} & \cdots & \beta_{1n} & \cdots & \beta_{1N}\\ \vdots & \ddots & & \ddots & \vdots\\ \beta_{m1} & & \beta_{mn} & & \beta_{mN}\\ \vdots & \ddots & & \ddots & \vdots\\ \beta_{M1} & \cdots & \beta_{Mn} & \cdots & \beta_{MN}\end{bmatrix} \tag{7-28}$$

其中，M，N分别为矩阵$\boldsymbol{B}$的行数和列数；m，n分别为矩阵$\boldsymbol{B}$的任意行和列；M为m的最大值；N为n的最大值。

矩阵$\boldsymbol{B}$中，一个β因子反映了一个柔直并网位置对改善各场景下各过载支路的综合效果。为了使 VSC-HVDC 的功率更小，且更好地发挥其对线路过载的缓

解作用，首先要考虑 β 因子较大的位置。根据所设计的 β 因子，对所有可能的 VSC-HVDC 位置的 β 因子进行排序，找出 β 因子较大的 VSC-HVDC 位置，作为后续流程的候选位置方案。至此，本节设计了一种 VSC-HVDC 的综合灵敏度因子 β，以得到 VSC-HVDC 的候选接入点方案，将之嵌入所提方法中可以明显减少优化过程的迭代计算量。

7.2.2 VSC-HVDC 落点——容量多目标优化建模

根据上节所提方法确定 VSC-HVDC 的候选并网点后，通过优化 VSC-HVDC 系统的有功功率，可以影响交流输电线路的潮流，使全局潮流分布更加合理。混合型 AC/DC 网络的运行带来了更大的灵活性，VSC-HVDC 的变换器有功功率设定值可以针对某一目标单独设定和调整，我们的目标是降低交流线路过载和容量成本。考虑到过载抑制能力越强，对容量的要求越高；容量越低，降过载能力越差。因此，这是一个多目标优化决策问题。

（1）过载目标。当电网新能源通过 VSC-HVDC 并网时，注入功率会对线路 k 的有功功率产生影响，故而基于式（7-26）可得，$P_{\text{dc}}^{s}\gamma_{k}^{s}$ 表示 VSC-HVDC 的注入功率导致电网中的交流过载线路 k 产生的有功功率变化量 $\Delta P_{\text{ac},k}^{s}$。然后，将集合 Ψ 中所有过载线路的过载率 ΔL_{k}^{s} 累加，可求得该系统状态下的全局过载指标，从而提出全局过载指标 G 来评估 N-1 事故发生时的全局过载严重程度如下：

$$G=\left|\sum_{k\in\Psi}\left(\frac{P_{\text{ac},k}^{s}+P_{\text{dc}}^{s}\gamma_{k}^{s}}{P_{\text{ac},k}^{\max}}-1\right)\right| \tag{7-29}$$

其中，Ψ 为系统状态 s 下所有过载线路的集合；P_{dc}^{s} 表示 VSC-HVDC 链路的注入功率，在多目标优化模型中作为决策变量。基于此，过载目标函数可表示为

$$f_1(x)=\hat{G} \tag{7-30}$$

其中，$\hat{G}$ 为 G 的规范化结果，$\hat{G}=G/G_{\max}$。

（2）容量成本目标。容量成本函数表示为

$$C=C_{\text{base}}+P_{\text{dc}}^{s}C_{\text{unit}} \tag{7-31}$$

其中，C 为直流输电安装的经济成本；C_{base} 为基本安装成本；P_{dc}^{s} 为直流输电线路

有功功率需求容量；C_{unit}为单位容量成本。

故而，容量成本目标函数可表示为

$$f_2(x)=\hat{C} \tag{7-32}$$

其中，$\hat{C}=C/C_{\max}$。

（3）约束条件。约束条件如 7.1.4 节所述。此外，为避免在减少当前过载线路的同时产生新的线路过载，需考虑约束：

$$\left|P_{\text{ac},r}^{s}+P_{\text{dc}}^{s}\gamma_r^s\right|\leqslant P_{\text{ac},r}^{\max},\quad r\in\Phi \tag{7-33}$$

（4）多目标优化模型。基于以上分析，建立了目标函数来协调线路过载的效果和容量经济成本最小化，且被约束条件限制，因此，可得多目标优化模型如下：

$$\min f(x)=\lambda_G f_1(x)+\lambda_C f_2(x) \tag{7-34}$$

$$\text{s.t.}\begin{cases}\lambda_G+\lambda_C=1,\ \lambda_G\geqslant 0,\ \lambda_C\geqslant 0\\(7\text{-}12)-(7\text{-}18)\end{cases} \tag{7-35}$$

其中，λ_G、λ_C分别是两个目标的权重因子。

（5）容量配置和评估指标。基于以上模型，建立了不同系统状态时交直流电网的优化模型，决策变量为直流注入功率，即可得在此情况下对新能源并网的有功容量需求。为了减轻所有线路过载问题，通过选取所有可能的线路过载场景下的直流有功需求的最大值来确定 VSC-HVDC 容量：

$$P_{\text{dc}}^{\text{cap}}=\max(P_{\text{dc}}^1,P_{\text{dc}}^2,\cdots,P_{\text{dc}}^s,\cdots),\quad s\in\Omega \tag{7-36}$$

其中，$P_{\text{dc}}^{\text{cap}}$为 VSC-HVDC 链路上有功功率的最终容量配置；s为第s种过载场景；Ω为所有过载场景的集合。

此外，本书定义了最终评估指标对方案的综合效果进行评估：

$$F_s=\lambda_G\hat{G}+\lambda_C\hat{C} \tag{7-37}$$

最后，为了进一步定量评估该方法下各方案的综合优化效果，通过累加各场景下的最终评估指标，定义了统一评估指标，该指标越小代表其降过载和降低容量成本的效果越好：

$$\Pi=\sum_{s\in\Omega}F_s \tag{7-38}$$

7.2.3 VSC-HVDC 选点与定容

基于前两节的设计方法和优化模型，VSC-HVDC 接入交流电网时如何选取接入点和容量可通过计算获得。首先，需要确定所有单线中断情况下的所有过载情况，根据过载线路设计综合灵敏度因子，并基于此筛选出候选接入点；然后，针对候选方案分别建立目标优化模型，求解并对各候选方案进行统一评估，确定最终接入点和所配置的容量。具体步骤可归纳如下。

（1）根据过载的基本定义，辨识所存在的过载场景和场景中的过载线路，构成过载场景集合 Ω 和过载线路集合 Ψ。

（2）应用式（7-24）和式（7-25）计算每个过载场景中过载线路的权重因子，再通过式（7-26）计算任意接入点位置(m,n)对过载线路的功率灵敏度。

（3）根据式（7-27）所设计的综合灵敏度因子，通过线性加权求得位于(m,n)处的 HVDC 对所有过载线路的综合灵敏度因子 β，所有 β 构成综合灵敏度矩阵 $\boldsymbol{B}$。

（4）对矩阵 $\boldsymbol{B}$ 中的所有元素进行从大到小排序，较大的 β 对应的若干组接入点被筛选为候选接入点，得到候选方案集 H。

（5）应用所构建的优化模型，对候选方案的不同场景进行多目标优化建模和求最优解，从而确定该候选方案的容量配置，对所有候选方案执行此步骤。

（6）计算不同候选方案的评估指标，利用评估指标对各候选方案进行分析和对比，找出最佳评估指标，确定最终接入点方案，并进行容量配置。

7.2.4 仿真分析

本节以新英格兰电力系统为例验证我们所提出的方法。通过考虑如何选择 VSC-HVDC 的接入点并根据功率需求配置容量，以缓解电网 N-1 故障时的线路过载问题。

（1）线路过载场景辨识。如上所述，该电力系统共包含 46 条支路，除去会导致发电机断开停运的 11 种线路故障外，在这个仿真中总共考虑了 35 个 N-1 单线故障情况。根据每个支路的线路负荷，找出每个运行场景中的过载线路。在 35

个N-1方案中，辨识出9种过载场景（S_1～S_9）。通过对过载场景集进行分析可得，辨识出的过载场景可分为3类。单线过载场景：场景S_1、场景S_3、场景S_6、场景S_9；双线过载场景：场景S_4、场景S_5、场景S_8；多条线路过载场景：场景S_2，场景S_7。因此，将这9种过载场景作为典型的接入点选择和仿真验证场景，具有一定的代表性。

（2）VSC-HVDC接入点的初步筛选。基于以上辨识结果，9种场景下共有16条支路过载。当一个支路在不同的场景中过载时，它被视为两种线路过载情况。图7-2所示为获取的VSC-HVDC不同接入点对的β值。

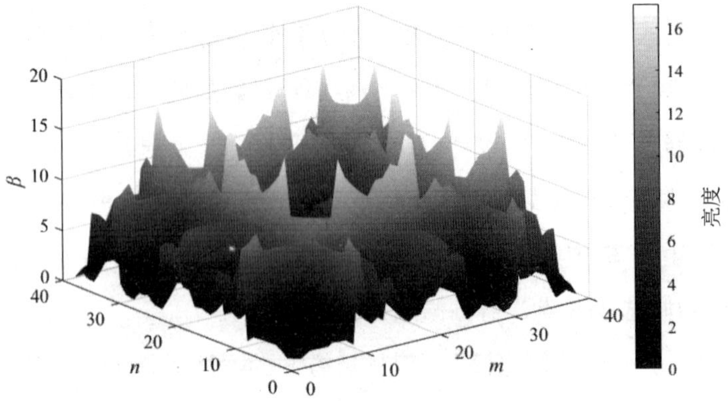

图7-2 VSC-HVDC不同接入点对的β值

可以看出，图中亮度为16的区域对应着最大的β因子。其次，β三维曲线是关于主对角线对称的，这是因为VSC-HVDC有两个端点，接入点对(m,n)和(n,m)在这里被理解为相同的位置，它们的β在数值上是相等的。于是，图7-2中VSC-HVDC不同接入点位置的β因子的计算结果是关于次对角线对称的。此外，当m等于n时，意味着VSC-HVDC的两个接入点连接到同一个电网节点上，这没有实际意义，因此此时β的值是没有意义的。最后，从功率灵敏度的角度来看，如果直接连接发电机的母线只连接到一个母线上，那么这两个母线作为接入点对电网的影响是相同的，如母线10和32、母线23和36。因此，在图7-2中，他们的颜色值是相同的。于是，针对31～38号节点的任意节点，本书把它和与之相连接的节点归为同一接入点，不予单独考虑。

根据图 7-2 和上述分析，我们筛选出了 10 个最佳的综合灵敏度因子对应的 VSC-HVDC 接入电网的候选节点作为候选接入点集：H_1(23,10)、H_2(24,10)、H_3(14,10)、H_4(21,10)、H_5(15,10)、H_6(22,10)、H_7(16,10)、H_8(19,10)、H_9(20,10)、H_{10}(17,10)。

（3）VSC-HVDC 接入点的确定及容量配置。基于已经选出的有效的候选位置，针对上一节所得的 10 种候选方案进行优化建模和深入分析。首先，本节采用遍历法对优化模型中的权重因子 λ_G 和 λ_C 进行检验。通过比较分析，当权重分别为 0.67 和 0.33 时，可以更加有效地缓解过载，并合理降低容量成本。随后，建立了对应不同系统场景的优化模型，基于 CPLEX 求解器可以得到各个场景下的最优解。

图 7-3 为候选方案在不同场景下的最终评估指标和统一评估指标。横坐标代表候选方案编号，纵坐标为评估指标的值。

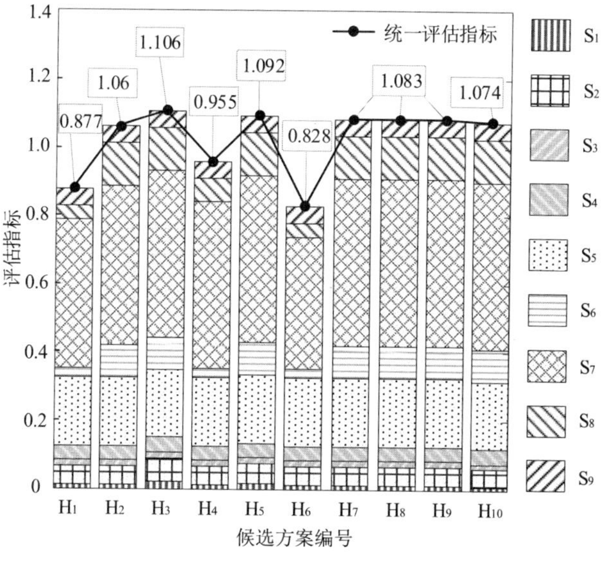

图 7-3　候选方案在不同场景下的最终评估指标（直方图）和统一评估指标（折线图）

从图 7-3 中可看出，场景 S_7 的过载指标是所有场景里面最大的，即 S_7 的过载情况最严重。9 个子直方柱垒在一起堆积成一个直方总柱，总柱的高度构成的折线图代表该候选方案对应的统一评估指标。通过统一评估指标可以定量评估不同候选方案对所有典型场景的总体效果。图 7-3 中的折线图显示，候选方案 H_6 的统一评估指标最小，即方案 H_6 有最佳的降过载能力和合理的容量配置。

图 7-4 将 10 种候选方案与无 VSC-HVDC 的方案进行比较，呈现了各个候选方案在不同场景下的过载指标。

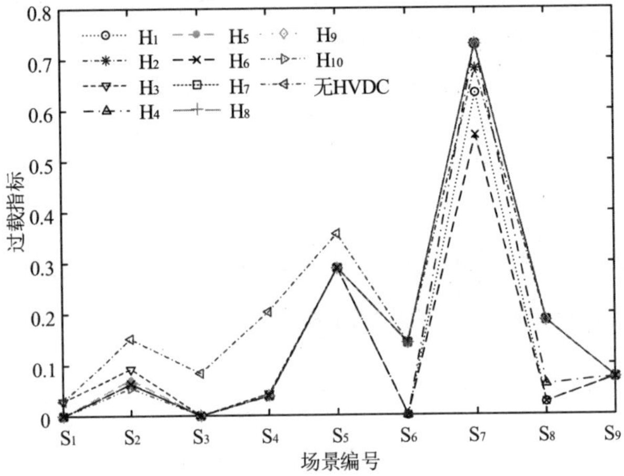

图 7-4 候选方案在不同场景下的过载指标

从图 7-4 中可以看出，在没有 VSC-HVDC 的方案下（带左向三角），9 种场景的过载指标始终大于其他方案，意味着电力系统的线路过载最为严重。10 种候选位置中，方案 H_6（带×号）基本处于最低点。更具体的过载指标仿真结果见表 7-2。分析图 7-4 可以看出，方案 H_6 具有最小的过载指标（1.037），过载指标值越小，方案对过载的缓解能力越强，因此，方案 H_6 具有最佳的过载缓解能力。此外，表 7-2 呈现了候选方案在不同场景下的最优直流功率注入值和容量配置结果。此处所呈现的直流功率注入值不计流向。表中直流功率数值的 0 代表的是该方案中的 VSC-HVDC 对相应的过载场景没有调控能力。在单一候选方案下，求解各个场景下的最佳功率注入值，然后取所有场景下的直流功率需求的最大值并取整，作为该方案下需要配置的容量。

表 7-2 候选方案在不同场景下的直流注入功率和容量配置结果

场景编号	不同场景下的直流注入功率优化结果/ MW									
	H_1	H_2	H_3	H_4	H_5	H_6	H_7	H_8	H_9	H_{10}
S_1	34.46	34.46	0	34.46	43.52	34.46	34.46	34.46	34.46	28.78
S_2	39.88	39.88	18.21	39.88	39.88	39.88	39.88	39.88	39.88	39.88
S_3	50	50	50	50	50	50	50	50	50	50
S_4	50	50	50	50	50	50	50	50	50	50
S_5	18.25	18.25	18.25	18.25	18.25	18.25	18.25	18.25	18.25	18.25
S_6	85.59	0	0	85.59	0	85.59	0	0	0	0
S_7	28.94	28.94	0	0	0	50	0	0	0	0
S_8	75.94	0	0	75.94	0	75.94	0	0	0	0
S_9	0	0	0	0	0	0	0	0	0	0
配置容量	86	50	50	76	50	86	50	50	50	50

方案 H_1 与 H_6 的配置容量相等，但图 7-4 中的过载指标在场景 S_7 下明显高于方案 H_6。其他 8 种候选方案的配置容量比方案 H_6 配置容量小，但它们的过载指标比方案 H_6 要大得多。

7.3 湖南电网 HVDC 最优落点选择

湖南省一次能源不足问题日益突出，目前水电资源技术开发程度已达 90%，发电用煤 80%需要从外省购入，对外依存度逐年提高，正面临“少煤、少电、无油、无气”的能源问题，自给能力不足。随着经济快速发展，用电需求超出预期，电力供需矛盾突出，这将极大地制约湖南省的经济发展。湖南省能源的缺乏注定其能源战略的制高点必然是特高压。假定湖南省需新建设一条 800kV/8000MW 的 HVDC 线路，将上述多目标决策方法应用于湖南电网，确定最优直流落点。

根据电力平衡原则及未来负荷发展，初步确定直流落点落在湘南地区。“十四五”期间湖南省各分区在夏大运行方式下电力盈亏情况见表 7-3。

表 7-3 湖南省各分区电力盈亏情况

时间/年	湘东地区/MW	湘西地区/MW	湘南地区/MW	湘北地区/MW	湘中地区/MW
2020	–580	3080	–2630	–620	1490
2025	–6270	2870	–5260	2800	550

显然，在 2020 年，湘东、湘北地区存在一定的负荷缺额，湘南地区功率缺额较高，达 2630MW。而根据负荷发展预测，预计在 2025 年湘东地区将存在较大的负荷缺口，功率缺额会上升至 6270MW，湘南地区也将上升至 5260MW。湘东和湘南将是未来的高负荷缺额地区。

湘南地区 500kV 交流母线的 $VSI_{\min}=121.95\,\text{Mvar/kV}$，在换流站设备典型参数下，当 $ESCR=5$ 时对应的 $VSI=3.657\,p.u.$，折算到有名值为 $VSI_{\text{margin}}=3.657\times 8000/525$（Mvar/kV）= 55.73（Mvar/kV）。因此，湘南地区静态电压必然满足约束。相似地，湘东、湘西、湘北、湘中地区静态电压计算结果亦满足静态电压约束要求。

将目标函数各指标进行归一化处理后的结果见表 7-4。

表 7-4 各指标进行归一化处理后的结果

母线名	$ESCR'$	P'_{loss}	M
宗元 H	0.3640	0.3760	0.1105
永州西 H	0.7088	0.6134	0.1105
长阳铺 H	0.4444	0.4511	0.1105
苏耽 H	0.8659	0.4369	0.1105
衡阳南 H	0.7088	0.4093	0.1105
紫霞 H	1	1	0.1105
船山 H	0.3065	0	0.1105
邵阳东 H	0.5670	0.5113	0.1105
宁乡 H	0.2490	0.0042	0.3590
望城 H	0.4368	0.0924	0.3590
沙坪 H	0.4444	0.0332	0.3590
长沙北 H	0.4866	0.0457	0.3590

续表

母线名	$ESCR'$	P'_{loss}	M
岳麓 H	0.6360	0.2125	0.3590
复兴 H	0.5287	0.0266	2
益阳东 H	0.2950	0.0264	2
岳阳北 H	0.9502	0.0157	1.3443

由层次分析法求得的权值 ω_1、ω_2 和 ω_3 分别为 0.4545、0.0909 和 0.4545。因此，计算得到的目标函数值见表 7-5。

表 7-5　目标函数值

母线名	目标函数值	母线名	目标函数值
宗元 H	0.2498	宁乡 H	0.2767
永州西 H	0.4281	望城 H	0.3701
长阳铺 H	0.2932	沙坪 H	0.3682
苏耽 H	0.4835	长沙北 H	0.3885
衡阳南 H	0.4096	岳麓 H	0.4715
紫霞 H	0.5956	复兴 H	1.1517
船山 H	0.1895	益阳东 H	1.0455
邵阳东 H	0.3544	岳阳北 H	1.0443

由表 7-5 可知，船山 H 的目标函数值为 0.1895，为最优直流落点，将特高压直流落于湘南地区船山附近，靠近负荷中心，可为湖南电网电力安全可靠供应提供有力保障。备选落点可考虑宗元 H（0.2498）以及宁乡 H（0.2767）。

7.4　小结

本章针对特高压直流落点选择问题，分别提出了兼顾稳定性、经济性与未来负荷发展的 LCC-HVDC 落点优化规划方法，以及考虑受端电网 N-1 故障下过载与调控能力的 VSC-HVDC 落点及容量优化规划方法。

在 LCC-HVDC 优化规划方法中，将当前及未来的负荷缺额折算为经济惩罚项，采用层次分析法确定有效短路比、网络损耗、负荷缺额的指标的权值，通过优化模型选出最优落点。

在 VSC-HVDC 落点及容量优化规划方法中，本书充分考虑了所有可能的 N-1 故障的系统状态，通过综合灵敏度因子，对 VSC-HVDC 并网点的候选方案进行了初步筛选，并建立多目标优化模型，实现了通过 VSC-HVDC 落点及容量配置解决现有电网所有潜在过载场景问题。

最后，将本章所述方法应用于湖南电网网架规划，并给出了针对目前湖南电网负荷发展情况的 LCC-HVDC 落点建议。

参考文献

[1] 袁清云. 特高压直流输电技术现状及在我国的应用前景[J]. 电网技术，2005，29（14）：1-3.

[2] 周勤勇，刘玉田，汤涌. 计及直流权重的多直流馈入落点选择方法[J]. 电网技术，2013，37（12）：3336-3341.

[3] 沈阳武，彭晓涛，毛荀，等. 特高压落点规划的评价指标体系和方法[J]. 电网技术，2012，36（12）：44-53.

[4] 加玛力汗·库马什，王杨正，戴训江. 电力系统稳定性物理模拟实验研究[J]. 高电压技术，2007（9）：129-133.

[5] 郑超，盛灿辉，林俊杰，等. 特高压直流输电系统动态响应对受端交流电网故障恢复特性的影响[J]. 高电压技术，2013，39（3）：555-561.

[6] LIU C R, BO Z Q, KLIMEK A. Research on losses of power systems affected by HVDC control strategy[C]// Proceedings of the 43rd International Universities Power Engineering Conference. Padova, Italy: [s.n.], 2008: 1-4.

[7] 杨俊新，周成. 基于电力系统混合仿真的静态电压稳定性分析[J]. 电网技术，2010，34（7）：114-117.

[8] LIU CH R, BO Z Q, KLIMEK A. Research on losses of power systems affected

by HVDC control strategy[C]// Universities Power Engineering Conference, 2008. UPEC 2008. 43rd International. IEEE, 2008.

[9] 郭小江，郭剑波，马世英，等. 基于多馈入短路比的多直流落点选择方法[J]. 中国电机工程学报，2013，33（10）：36-42+21.

[10] ZHU L F, YU Q, QUAN Y, et al. The Real-Time Assessment of Freeway Traffic State Based on Variation Coefficient Method[J]. 2016 Eighth International Conference on Measuring Technology and Mechatronics Automation (ICMTMA), Macau, 2016: 811-816, doi: 10.1109/ICMTMA.

[11] 秦超，曾沅，苏寅生，等. 基于安全域的大规模风电并网系统低频振荡稳定分析[J]. 电力自动化设备，2017，37（05）：100-106.

[12] 方伟，刘怀东，秦婷，等. 含大型光伏电站的动态安全域[J]. 电力自动化设备，2019，39（03）：189-193.

[13] 庄慧敏，巨辉，肖建. 高渗透率逆变型分布式发电对电力系统暂态稳定和电压稳定的影响[J]. 电力系统保护与控制，2014，42（17）：84-89.

[14] 刘佳，徐谦，程浩忠，等. 考虑 N-1 安全的分布式电源多目标协调优化配置[J]. 电力自动化设备，2017，37（07）：84-92.

[15] 毛思杰，贾燕冰，张琪. 计及过载线路发热严重程度的紧急控制方法研究[J]. 电力系统保护与控制，2019，47（16）：34-42.

[16] 张衡，程浩忠，曾平良，等. 考虑 N-1 安全网络约束的输电网结构优化[J]. 电力自动化设备，2018，38（02）：123-129.

[17] 陈鹏远，黎灿兵，周斌，等. 异步互联电网柔性直流输电紧急功率支援与动态区域控制偏差协调控制策略[J]. 电工技术学报，2019，34（14）：3025-3034.

[18] 陈厚合，黄亚磊，姜涛，等. 含 VSC-HVDC 的交直流系统电压稳定分析与控制[J]. 电网技术，2017，41（08）：2429-2438.

[19] 唐晓骏，韩民晓，谢岩，等. 应用于城市电网分区互联的柔性直流容量和选点配置方法[J]. 电网技术，2019，43（05）：1709-1716.

[20] 蔡国伟，史一明，杨德友．基于节点聚类分簇的多馈入直流落点筛选方法[J]. 电工技术学报，2017，32（09）：140-148.

[21] 周勤勇，刘玉田，汤涌．计及直流权重的多直流馈入落点选择方法[J]．电网技术，2013，37（12）：3336-3341.

[22] 肖谭南，肖帅，王建全，等．基于 PSO 的特高压交流变电站布点、直流落点及新建线路自动选择方法[J]. 高电压技术，2015，41（03）：815-823.

[23] MÜLLER S C, HÄGER U, REHTANZ C. A multiagent system for adaptive power flow control in electrical transmission systems[J]. IEEE Transactions on Industrial Informatics, 2014, 10(4): 2290-2299.

[24] ZHOU Y, DALHUES S, LIU J Y, et al. Optimal power setting based on voltage angle controller for VSC-HVDC in hybrid AC and DC power systems[C]// IECON 2019 - 45th Annual Conference of the IEEE Industrial Electronics Society, Lisbon, Dec. 09, 2019: 2203-2208.

[25] 郭瑞鹏，边麟龙，宋少群，等．安全约束最优潮流的实用模型及故障态约束缩减方法[J].电力系统自动化，2018，42（13）：161-168.

[26] ZIMMERMAN R D, MURILLO-SÁNCHEZ C E. MATPOWER: steady-state operations, planning, and analysis tools for power systems research and education[J]. IEEE Transactions on Power Systems, 2011, 26(1), 12-19.

第 8 章　针对直流闭锁故障下 FACTS 装置选址规划

8.1　考虑直流闭锁故障下系统优化调度模型

目前，绝大多数中国特高压直流馈入下受端系统都呈现着“强直弱交”特征，交流系统网架结构较为薄弱，直流系统配套电源建设不足。特高压直流闭锁发生直流闭锁故障时，将发生大规模潮流转移，给电力系统安全稳定运行带来巨大冲击[1]。以我国湖南电网实际情况为例，甘肃酒泉—湖南湘潭±800kV 特高压直流线路（祁韶线）额定输电能力为 8000MW，而目前，湖南电网仅有 3 回跨省联络通道与湖北电网联络，该断面调度运行控制极限功率远不够填补系统发生直流闭锁故障后产生的有功缺额。若祁韶线发生直流闭锁故障，省间联络通道输电能力不足以满足潮流转移需求，需进行大面积切负荷，有可能导致电网大规模停电。为保障电网安全，迫切需要一种考虑直流闭锁故障下安全约束的交直流混联系统优化调度模型，从而减小因直流闭锁给电网带来的危害。

8.1.1　系统调度方案

在本章所述模型中，电力系统运行主要分为 3 种状态，正常运行状态、故障内短期运行状态和故障内长期运行状态[2]。其中，故障内短期运行状态和长期运行状态分别对应静态安全稳定分析中的稳定性紧急状态和持久性紧急状态，如图 8-1 所示。

正常运行状态下可以调节联络通道上的功率传输及 PV 节点上发电机的有功出力。当故障发生后，短期内发电机由于爬坡约束及调节时间过于短暂无法调节有功出力，仅可以通过紧急调度联络通道功率传输及切负荷来满足系统故障后短期运行有功功率平衡。当系统短暂运行一段时间后，进入故障内长期运行状态，各发电机及联络通道均可以调节有功出力来进行故障后校正控制。各状态下系统运行方式如图 8-1 所示。

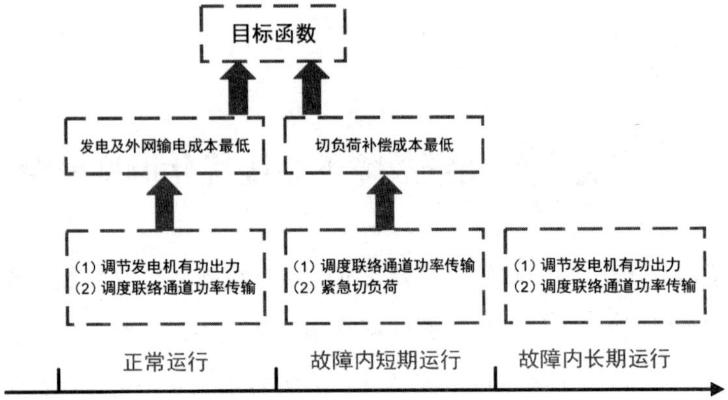

图 8-1 各状态下系统运行方式

8.1.2 目标函数

对于图 8-1 所示各状态下的系统运行方式，目标函数主要由三部分组成，正常运行状态下发电机发电成本、外网输电成本及故障下切负荷成本，即：

$$\sum_{i\in\Omega_i}(a_i(P_{i,bc}^G)^2+b_iP_{i,bc}^G+c_i+d_iP_{i,bc}^T)+\sum_{i\in\Omega_i}\sum_{f\in\Omega_f}p_f\cdot e_i\Delta P_{i,f}^L \tag{8-1}$$

式中，a_i、b_i、c_i 分别为节点 i 上发电机发电成本二次系数、一次系数及常数项系数；d_i 为节点 i 上联络通道有功功率调度成本系数；e_i 为切负荷补偿成本系数；p_f 为故障影响因子，定义为故障发生几率×影响权重；$\Delta P_{i,f}^L$ 为节点 i 上故障切负荷量。

8.1.3 约束条件

（1）为搭建凸优化模型，提高计算效率，保证所求解有效性，本优化模型采用线性化潮流模型[3]。等式约束如下。

1）节点潮流方程：

$$\begin{cases} P_{i,s}=P_{i,s}^T+P_{i,s}^G+P_{i,s}^{\mathrm{DC}}-P_{i,s}^L \\ P_{i,s}=\sum_{j\in\Omega_i}B_{ij,s}\theta_{ij,s} \end{cases} \tag{8-2}$$

式中，$P_{i,s}$ 为节点 i 上状态 s 下节点有功注入功率；$B_{ij,s}$ 分别为状态 s 下节点导纳矩阵对应元素；$\theta_{ij,s}$ 分别为状态 s 下节点 i 和节点 j 之间的电压差和相角差；$P_{i,s}^{\mathrm{DC}}$ 为节点 i 上状态 s 下特高压直流有功注入；$P_{i,s}^{L}$ 为节点 i 上状态 s 下的有功负荷。

2）支路潮流方程：

$$P_{ij,s}=B_{ij,s}\theta_{ij,s} \tag{8-3}$$

（2）不等式约束通常表示系统中各元器件的物理极限。在传统 N-1 安全约束基础上，本书对系统故障短期运行内各元器件的安全运行约束做了进一步描述。本模型中，不等式约束如下。

1）支路潮流约束。当故障发生后系统潮流分布将发生改变，尤其要考虑直流闭锁故障发生后系统将发生大规模潮流转移，由此可能引发支路潮流过载等问题。故本书针对状态变量所提出的不等式约束主要为支路潮流约束：

$$P_{ij,s}\leqslant\beta_s S_{ij,\max} \tag{8-4}$$

式中，$S_{ij,\max}$ 为支路潮流上限；β_s 定义为状态 s 下潮流约束相对于永久潮流约束可以放松的极限值[2]。通常，$\beta_{bc}=\beta_{f_{lt}}=1$，$\beta_{f_{st}}>1$。

2）发电机出力及调节约束。常规发电机组有功出力调节速率约为 5%/min，在故障内短期运行状态下，由于调节时间过于短暂，调节量过小，故将发电机在该状态下调节量近似等效为零，约束如下：

$$P_{i,\min}^{G}\leqslant P_{i,s}^{G}\leqslant P_{i,\max}^{G} \tag{8-5}$$

$$\begin{cases}P_{i,f_{st}}^{G}=P_{i,bc}^{G}\\ \Delta P_{i,\min}^{G}\leqslant P_{i,f_{lt}}^{G}-P_{i,bc}^{G}\leqslant\Delta P_{i,\max}^{G}\end{cases} \tag{8-6}$$

式中，$P_{i,\max}^{G}$、$P_{i,\min}^{G}$ 分别为发电机有功出力上、下限值；$\Delta P_{i,\max}^{G}$、$\Delta P_{i,\min}^{G}$ 分别为系统进入故障内长期运行状态下发电机可调节量的上、下限值。

3）联络通道功率传输约束。联络通道所连外部大电网可快速调度有功备用，在故障后可以紧急调度，调度功率约束如下：

$$P_{i,\min}^{T}\leqslant P_{i,s}^{T}\leqslant P_{i,\max}^{T} \tag{8-7}$$

式中，$P_{i,\max}^{T}$、$P_{i,\min}^{T}$ 分别为联络通道有功调度上、下限值。

4）紧急切负荷约束。当系统在故障发生后短期内，快速有功调节无法满足有功平衡约束及潮流约束时，需要进行紧急切负荷，约束如下：

$$P_{i,bc}^{L} - P_{i,f}^{L} \leqslant \Delta P_{i,\max}^{L} \quad (8\text{-}8)$$

8.2 FACTS 装置选址规划

在 2025 年湖南电网目标网架规划方案中，计划±800kV 特高压直流落点湘南地区，1000kV 特高压交流落点湘东地区。当系统发生直流闭锁故障后，可通过与外部电网联络通道紧急调度来填补有功缺额。然而，绝大多数中国大规模交直流混联系统都呈现着“强直弱交”特征，交流系统网架结构较为薄弱，大规模的潮流转移可能导致部分线路过载，造成系统输电阻塞问题，从而大面积切负荷，给系统带来严重经济损失。针对输电阻塞问题，FACTS 装置串联补偿部分可以通过连续地调节所补偿线路的电抗来控制线路潮流，进而可以高效地缓解系统输电阻塞问题[4-7]。因此，为保证含特高压接入受端系统发生直流闭锁故障后的大规模潮流转移，需要一种针对该系统的 FACTS 装置选址规划方法。

本节在上一节中提出的直流闭锁故障后优化调度模型的基础上，加入 FACTS 装置选址模型，通过对比加装 FACTS 装置前后的系统潮流，分析 FACTS 装置在系统发生直流闭锁故障后的潮流转移中的应用效果。

加装 FACTS 后，支路电抗变为

$$x_l = x_{ij} - x_{ij}^{\mathrm{FACTS}} \quad (8\text{-}9)$$

式中，x_l 为节点 i 与节点 j 之间线路电抗；x_{ij} 为原线路电抗。FACTS 串联补偿部分可灵活调节，调节线路电抗大小，从而改善线路潮流分布。

8.2.1 FACTS 装置线性潮流模型

UPFC 线性化公式：为保证规划模型为凸模型，采用线性化潮流方程[3]，公式为

$$P_{ij,s} = B_{ij,s}\theta_{ij,s} \quad (8\text{-}10)$$

对上述公式进行一些简单转换，特别指出，节点 i 与 j 之间存在线路，即 $B_{ij,s} \neq 0$，有

$$P_{ij,s}\cdot\frac{1}{B_{ij,s}}=\theta_{ij,s} \tag{8-11}$$

由于在电力系统中 $x>>r$，故 $\frac{1}{B_{ij,s}}\approx x_{ij,s}$，在加入 FACTS 装置后，式（8-11）可转换为

$$P_{ij,s}(x_{ij,s}-x_{ij,s}^{\text{FACTS}})=\theta_{ij,s} \tag{8-12}$$

式中，$-x_{ij,s}^{\text{FACTS}}P_{ij,s}$ 仍是非线性项，使变量 $P_{ij,s}^{\text{FACTS}}=x_{ij,s}^{\text{FACTS}}P_{ij,s}$，然后运用 McCormick 法[8]将其转换为如下公式：

$$P_{ij,s}x_{ij,s}-P_{ij,s}^{\text{FACTS}}=\theta_{ij,s} \tag{8-13}$$

$$\begin{cases}P_{ij,s}^{\text{FACTS}}\geqslant x_{ij,s,\min}^{\text{FACTS}}P_{ij,s}+P_{ij,s,\min}x_{ij,s}^{\text{FACTS}}-x_{ij,s,\min}^{\text{FACTS}}P_{ij,s,\min}\\ P_{ij,s}^{\text{FACTS}}\geqslant x_{ij,s,\max}^{\text{FACTS}}P_{ij,s}+P_{ij,s,\max}x_{ij,s}^{\text{FACTS}}-x_{ij,s,\max}^{\text{FACTS}}P_{ij,s,\max}\\ P_{ij,s}^{\text{FACTS}}\leqslant x_{ij,s,\max}^{\text{FACTS}}P_{ij,s}+P_{ij,s,\min}x_{ij,s}^{\text{FACTS}}-x_{ij,s,\max}^{FACTS}P_{ij,s,\min}\\ P_{ij,s}^{\text{FACTS}}\leqslant x_{ij,s,\min}^{\text{FACTS}}P_{ij,s}+P_{ij,s,\max}x_{ij,s}^{\text{FACTS}}-x_{ij,s,\min}^{\text{FACTS}}P_{ij,s,\max}\end{cases} \tag{8-14}$$

其中，$x_{ij,s,\min}^{\text{FACTS}}=-rn_{ij}^{\text{FACTS}}x_{ij,s}$；$x_{ij,s,\max}^{\text{FACTS}}=rn_{ij}^{\text{FACTS}}x_{ij,s}$；$P_{ij,s,\min}=-\beta_s^{Br}\ s_{ij,\max}^{Br}$；$P_{ij,s,\max}=\beta_s^{Br}s_{ij,\max}^{Br}$；$r$ 为 FACTS 装置调节范围；n_{ij}^{FACTS} 为二进制变量，表示线路（i-j）上是否加装 FACTS 装置。

由于 $rn_{ij}^{\text{FACTS}}x_{ij,s}$ 仍是非线性项，因此将式（8-13）作如下变换：

$$\begin{cases}P_{ij,s}^{\text{FACTS}}\geqslant(x_{ij,s,\min}^{\text{FACTS}})'P_{ij,s}+P_{ij,s,\min}x_{ij,s}^{\text{FACTS}}-(x_{ij,s,\min}^{\text{FACTS}})'P_{ij,s,\min}\\ P_{ij,s}^{\text{FACTS}}\geqslant(x_{ij,s,\max}^{\text{FACTS}})'P_{ij,s}+P_{ij,s,\max}x_{ij,s}^{\text{FACTS}}-(x_{ij,s,\max}^{\text{FACTS}})'P_{ij,s,\max}\\ P_{ij,s}^{\text{FACTS}}\leqslant(x_{ij,s,\max}^{\text{FACTS}})'P_{ij,s}+P_{ij,s,\min}x_{ij,s}^{\text{FACTS}}-(x_{ij,s,\max}^{\text{FACTS}})'P_{ij,s,\min}\\ P_{ij,s}^{\text{FACTS}}\leqslant(x_{ij,s,\min}^{\text{FACTS}})'P_{ij,s}+P_{ij,s,\max}x_{ij,s}^{\text{FACTS}}-(x_{ij,s,\min}^{\text{FACTS}})'P_{ij,s,\max}\\ -Mn_{ij}^{\text{FACTS}}\leqslant P_{ij,s}^{\text{FACTS}}\leqslant Mn_{ij}^{\text{FACTS}}\end{cases} \tag{8-15}$$

其中，$(x_{ij,s,\min}^{\text{FACTS}})'=-rx_{ij,s}$；$(x_{ij,s,\max}^{\text{FACTS}})'=rx_{ij,s}$；$M$ 为一个足够大的数。

8.2.2 目标函数

在上节优化调度模型的基础上加入 FACTS 装置的建设成本：

$$\sum_{i\in\Omega_i}(a_i(P_{i,bc}^G)^2+b_iP_{i,bc}^G+c_i+d_iP_{i,bc}^T)+\sum_{i\in\Omega_i}\sum_{f\in\Omega_f}p_fe_i\Delta P_{i,f}^L+\sum_{\Omega_l}\varphi_{ij}^{\text{FACTS}}n_{ij}^{\text{FACTS}} \tag{8-16}$$

式中，$\varphi_{ij}^{\text{FACTS}}$ 为 FACTS 装置建设的均摊成本。

8.2.3 约束条件

节点潮流方程：

$$\begin{cases}P_{i,s}=P_{i,s}^T+P_{i,s}^G+P_{i,s}^{\text{DC}}-P_{i,s}^L\\ P_{i,s}=\sum_{j\in\Omega_i}B_{ij,s}\theta_{ij,s}\end{cases}$$

支路潮流方程：

$$P_{ij,s}x_{ij,s}-P_{ij,s}^{\text{FACTS}}=\theta_{ij,s}$$

$$\begin{cases}P_{ij,s}^{\text{FACTS}}\geqslant(x_{ij,s,\min}^{\text{FACTS}})'P_{ij,s}+P_{ij,s,\min}x_{ij,s}^{\text{FACTS}}-(x_{ij,s,\min}^{\text{FACTS}})'P_{ij,s,\min}\\ P_{ij,s}^{\text{FACTS}}\geqslant(x_{ij,s,\max}^{\text{FACTS}})'P_{ij,s}+P_{ij,s,\max}x_{ij,s}^{\text{FACTS}}-(x_{ij,s,\max}^{\text{FACTS}})'P_{ij,s,\max}\\ P_{ij,s}^{\text{FACTS}}\leqslant(x_{ij,s,\max}^{\text{FACTS}})'P_{ij,s}+P_{ij,s,\min}x_{ij,s}^{\text{FACTS}}-(x_{ij,s,\max}^{\text{FACTS}})'P_{ij,s,\min}\\ P_{ij,s}^{\text{FACTS}}\leqslant(x_{ij,s,\min}^{\text{FACTS}})'P_{ij,s}+P_{ij,s,\max}x_{ij,s}^{\text{FACTS}}-(x_{ij,s,\min}^{\text{FACTS}})'P_{ij,s,\max}\\ -Mn_{ij}^{\text{FACTS}}\leqslant P_{ij,s}^{\text{FACTS}}\leqslant Mn_{ij}^{\text{FACTS}}\end{cases}$$

发电机出力及调节约束：

$$P_{i,\min}^G\leqslant P_{i,s}^G\leqslant P_{i,\max}^G$$

$$\begin{cases}P_{i,f_{st}}^G=P_{i,bc}^G\\ \Delta P_{i,\min}^G\leqslant P_{i,f_{lt}}^G-P_{i,bc}^G\leqslant\Delta P_{i,\max}^G\end{cases}$$

联络通道功率传输约束：

$$P_{i,\min}^T\leqslant P_{i,s}^T\leqslant P_{i,\max}^T$$

8.3 仿真分析

在 2025 年湖南目标网架上对提出模型进行验证。2025 年湖南目标网架拓扑结构如图 8-2 所示。

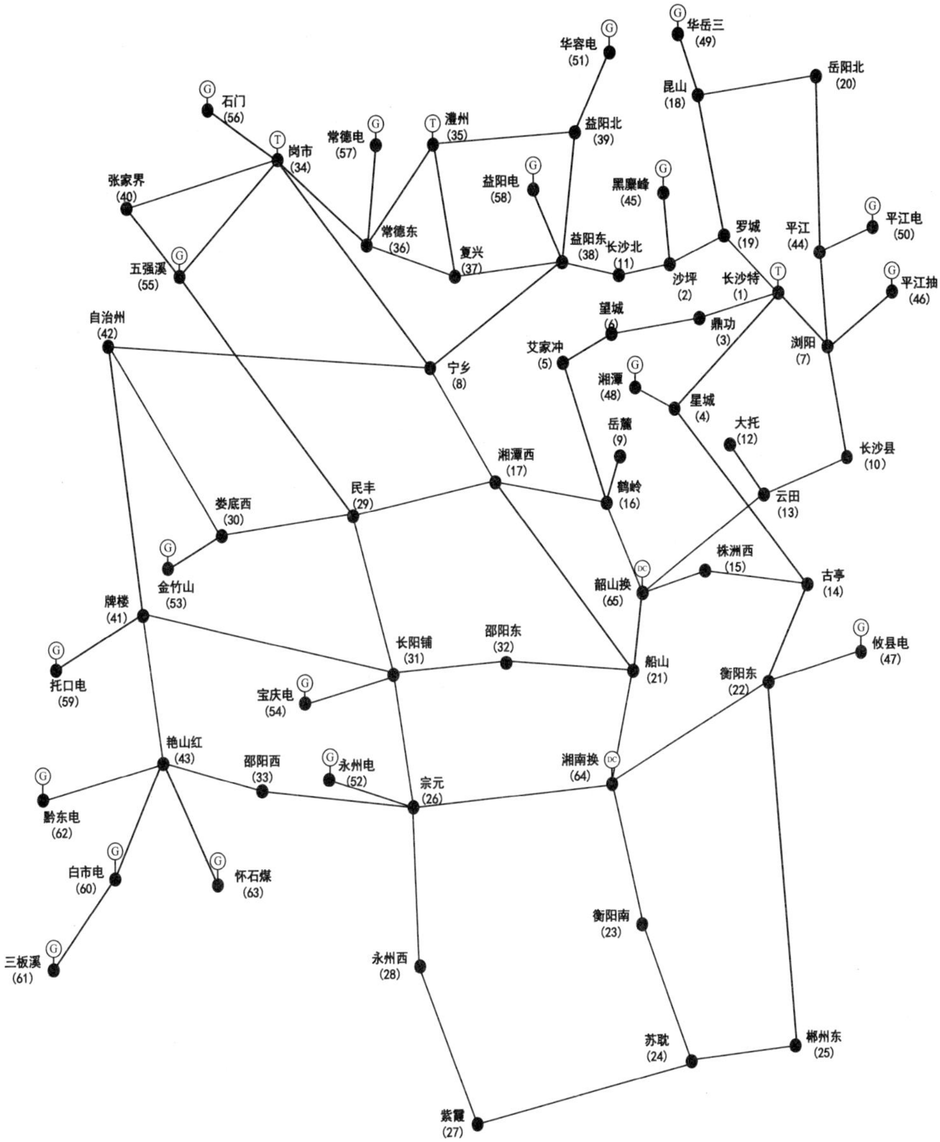

图 8-2 2025 年湖南目标网架拓扑结构

故障分别设置为节点 64 直流闭锁（f1），线路 23－64 故障（f2），线路 22－64 故障（f3），线路 26－64 故障（f4），线路 21－32 故障（f5），线路 21－65 故障（f6），线路 15－65 故障（f7）及线路 13－65 故障（f8）。可中断负荷节点设置为 3，4，5，7，10，18，19，21，41，可中断负荷量为 50%。故障后长期运行状态下发电机有功可调节量设置为系统最大有功出力的 20%。β_{fst} 设置为 1.2，p_f均设置为 0.05。线路潮流约束设置为 2000MV·A，系统基准容量设置为 100MV·A，系统中各成本系数见表 8-1。其中，发电机发电成本系数及切负荷成本系数均基于相关参考文献[9-10]进行设置。本书所提出的规划优化模型在软件 GAMS 中采用 CPLEX 求解器进行求解。

表 8-1 系统各成本系数

项目	a_i	b_i	c_i	d_i	e_i
各发电机发电成本/（$\$\cdot MW^{-1}\cdot h^{-1}$）	0.01	0.3	0.2	—	—
联络通道输电成本/（$\$\cdot MW^{-1}\cdot h^{-1}$）	—	—	—	8	—
切负荷补偿成本/（$\$\cdot MW^{-1}\cdot h^{-1}$）	—	—	—	—	100

8.3.1 考虑直流闭锁故障下系统优化调度

将本书提出的规划模型与传统 N-1 安全约束下规划模型的优化结果进行对比，结果见表 8-2。

表 8-2 目标函数值仿真结果对比

项目	本书提出的规划模型	传统规划模型
系统发电成本/$\$\cdot h^{-1}$	84172.580	83854.650
切负荷补偿成本/$\$\cdot h^{-1}$	1959.825	2686.700
总成本/$\$\cdot h^{-1}$	86132.4056	86541.3500

对比结果的求解过程如图 8-3 所示，在不考虑短期运行安全约束下，求得系统正常运行状态下各发电机及联络通道有功出力最优解，并将所求解作为约束条件代入本书提出的规划模型中进行优化求解，目标函数为故障后切负荷补偿成本最小。若无解，则适当放松支路潮流约束；若存在最优解，得到对比结果。通过对比分析，在不考虑短期运行安全约束下；各发电机及联络通道可取到更优解，系统发电成本降低了 159.759$\$\cdot h^{-1}$。然而在实际运行中，在故障发生后的短期运行状态下，由于没有为系统紧急调度保留充分有功备用，因此需要进行大规模紧急

切负荷，导致切负荷补偿成本增加了 604.89$·h^{-1}，从而使系统总成本增加，给系统经济性造成严重损失。

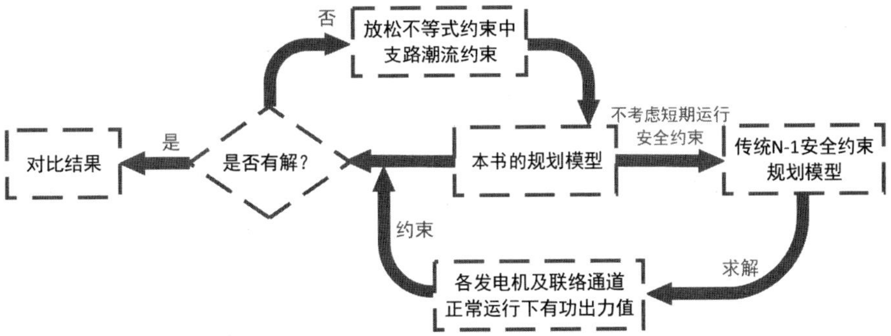

图 8-3 对比结果的求解过程

8.3.2 针对受端电网的 FACTS 装置选址规划

将系统加装 TCSC 装置前后的优化结果进行了对比，结果见表 8-3。通过对比结果可知，系统加装 TCSC 后，网架结构得以增强，系统总成本有所降低。

表 8-3 目标函数值仿真结果对比

项目	已加装 TCSC 仿真结果	未加装 TCSC 仿真结果
系统发电成本/$·h^{-1}	84316.900	84172.580
切负荷补偿成本/$·h^{-1}	1751.700	1959.825
总成本/$·h^{-1}	86068.600	86132.4056
TCSC 装置加装位置	26－31	—

图 8-4 所示为系统加装 TCSC 装置前后在故障 3 下潮流对比结果（图中灰色正方形为不加装 TCSC 装置），在故障 3 发生后（线路 22－64 断开），加装在线路 26－31（图中编号 47）上的 TCSC 装置开始动作，增大了该线路上的功率传输，从而缓解了其余相邻线路的输电压力，改善了系统潮流分布，有效地减少了因故障而导致的系统切负荷所带来的经济损失。

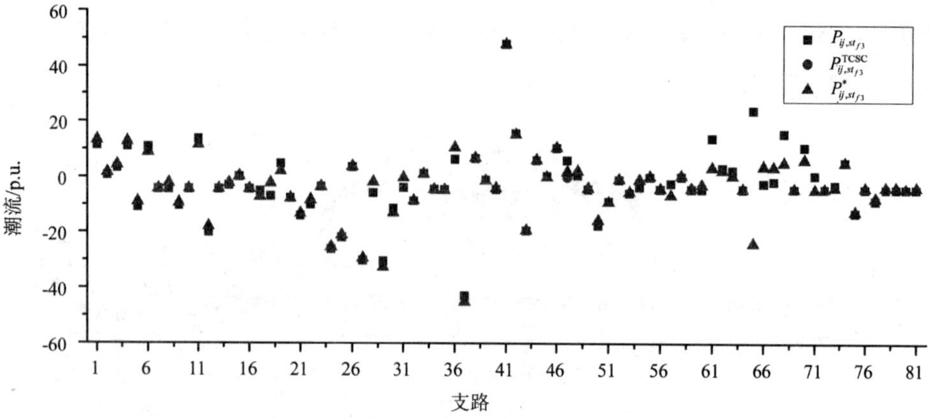

图 8-4 系统加装 TCSC 装置前后在故障 3 下潮流对比结果

8.4 小结

本章针对含特高压直流接入的受端系统提出了发输电优化模型及 UPFC 装置定容选址规划模型。在提出的模型（下简称模型）中，考虑了包含直流闭锁故障在内的多个 N-1 故障安全约束。

发输电优化模型在传统 N-1 安全约束最优潮流问题中加入了故障内短期运行安全约束，本书所提模型针对该约束做出了预防控制。将本书提出的规划模型与传统规划模型运行结果进行比较，结果表明，针对故障内短期运行约束，本书提出的优化模型将保留一定可快速调度的有功备用，虽然发电成本有所增加，但可以大幅降低切负荷补偿成本，使系统总成本有所降低。

此外，虽然系统针对直流闭锁所带来的大量有功缺额保留了一定的有功备用，然而，在直流闭锁故障及直流馈入点附近线路故障发生后，仍会导致系统大规模的潮流转移，由此可能引发部分线路过载。针对此情况，本章还提出 UPFC 定容选址规划模型来改善此问题，对比结果表明，加装 UPFC 装置后，能有效改善系统故障后的潮流分布，进一步降低系统运行成本。

参考文献

[1] 蒋智宇. 一起换相失败导致直流闭锁故障分析及其阀控策略优化研究[J]. 电气技术，2016（07）：96-100.

[2] CAPITANESCU F, WEHENKEL L. Improving the Statement of the Corrective Security-Constrained Optimal Power-Flow Problem[J]. IEEE Transactions on Power Systems, 2007, 22(2): 887-889.

[3] YANG J, ZHANG N, KANG C, et al. A State-Independent Linear Power Flow Model With Accurate Estimation of Voltage Magnitude[J]. IEEE Transactions on Power Systems, 2017, 32(5): 3607-3617.

[4] 周前，方万良. 基于 TCSC 技术和粒子群优化算法的电力系统阻塞疏导方法[J]. 电网技术，2008（08）：47-52.

[5] RASHED G I, SUN Y, SHAHEEN H I. Optimal location of thyristor controlled series compensation in a power system based on differential evolution algorithm considering transmission loss reduction[R]. 2011 9th World Congress on Intelligent Control and Automation, Taipei, 2011: 610-616.

[6] 李立，鲁宗相，邱阿瑞. FACTS 对电力系统静态安全性影响评价指标体系研究[J]. 电力系统保护与控制，2011，39（08）：33-38+45.

[7] LI J, SUN X. Research on Optimal Power Flow Considering Wind Power Uncertainty and TCSC Power Regulation[J]. Electrical Automation, 2019, 41(06):21-24.

[8] TAN Y, LI Y, CAO Y, et al. Integrated Optimization of Network Topology and DG Outputs for MVDC Distribution Systems[J]. IEEE Transactions on Power Systems, 2018, 33(1): 1121-1123.

[9] ZIMMERMAN R D, MURILLO-SÁNCHEZ C E, THOMAS R J. MATPOWER: steady-state operations, planning and analysis tools for power systems research and education[J]. IEEE Transactions on Power Systems, 2011, 26(1): 12-19.

[10] 毛思杰，贾燕冰，张琪．计及过载线路发热严重程度的紧急控制方法研究[J]．电力系统保护与控制，2019，47（16）：34-42.

第 9 章　受端网架频率稳定性评估

电网惯量（也称系统惯量）这一概念源自发电机转动惯量，用以衡量电力系统抵抗频率突变的能力，系统惯量过低可能诱发小扰动下的频率稳定问题。作为表征电网抗频率扰动能力的重要特性指标，惯量现已广泛应用于电力系统抗频率扰动能力的评估中。

相比于传统电力系统，现代电力系统中电力电子装置大规模应用，缺少常规发电单元中可用来抵消频率变化的能量（动能）缓冲环节。尤其对于 HVDC 系统而言，高压直流输电线路将 2 个或多个互连的电力系统电气隔离，导致 2 个或多个系统之间缺乏惯量的支撑。另一方面，现有研究大多针对系统整体进行等效惯量计算，用以评估整个系统的稳定运行能力，但该种方式难以对系统不同区域稳定程度进行衡量。电网各区域的惯量特征与区域频率特征类似，在电网内部具有明显的时空分布特性。通过惯量分布直观评估电网各区域的频率稳定性，能够为电力系统区域运行方式的调节以及网架规划提供参考。

9.1　整体等效惯量计算

对于含有 N 个传统（火电/水电）发电机组的电力系统，其等效惯量 H 计算方式如下：

$$H = \frac{\sum_{n=1}^{N} h_n C_n}{C} \tag{9-1}$$

式中，h_n、C_n 分别为第 n 台发电机组的并网位置的等效惯量与视在功率；C 为系统的总负荷。

9.2　节点虚拟惯量等效辨识

正常运行下的电力系统时刻遭受着各种各样的随机扰动（如负荷投切、线路故障等），扰动引起的机电暂态过程将在电力系统中传播[4]。实际电力系统的结构和参数分布是不均匀的，考虑到机电扰动复杂的传播特性，将地理上广域分布的实际电力系统视为不均匀连续分布的发电机、线路和负荷的统一体，机电扰动传播速度和惯量的关系可等效为

$$v^2=\frac{\omega U^2\sin\theta}{2h|z|} \tag{9-2}$$

式中，v 为机电扰动传播速度；ω 为发电机角频率；U 为电压幅值标幺值；θ 为线路阻抗角；z 为线路单位阻抗标幺值；h 为单位长度惯量。

机电扰动在各位置的传播速度要受到惯量的影响，由于不均匀连续体建模使得电网线路本身为分布式参数，在研究计算机电扰动传播速度时需要将原本集中于发电旋转设备的惯量引申到整个电网，以实现对电网集中惯量的分布化处理[6]，从而计算获得各 PMU 节点的虚拟惯量。

惯量分布辨识方法的具体步骤如下：

步骤 1：提取电网测量点频率数据；

步骤 2：判断机电扰动到达各测量点的时刻；

步骤 3：确定电网各测量点扰动延迟时间；

步骤 4：计算各区域机电扰动传播速度；

步骤 5：获得电网节点虚拟惯量大小。

（1）机电扰动到达时间在线辨识。机电扰动从扰动源延伸到电网不同位置时将造成各测量点频率先后出现非正常波动，电网受扰后频率数据的变化情况是判断机电扰动抵达时刻的关键。

由于空间分布的测量装置与扰动源的距离差异，扰动信号抵达不同测量点的时间不同。可通过设定固定的频率阈值来判定机电扰动到达的准确时刻，电网受扰情况下的频率波动阈值 f_{T} 的求解公式如下：

$$f_{\mathrm{T}}=f_0\pm\Delta f \tag{9-3}$$

式中，f_0 为扰动发生时的频率值；Δf 为频率偏移阈值。

通过记录测量点频率超过阈值 f_{T} 的时间可获得电网各位置的扰动信号抵达时间[7]。

在实际电网中，考虑噪声数据对 TOA 判定的干扰，可利用平均滤波法从实测频率数据中除去高频噪声，其等效形式为

$$\overline{f}=\frac{1}{N}\sum_{n=1}^{N}f_n \tag{9-4}$$

式中，f_n 为第 n 点的频率数据，根据实测 PMU 数据每周期的采样频率设置；N 为样本个数。

由于 PMU 装置在电网中分布的位置不同，扰动到达各测量点的延迟时间呈现差异，因此定义扰动延迟时间 t_{TOD} 如下：

$$t_{\mathrm{TOD}}=t_{\mathrm{TD}}-t_{\mathrm{c}} \tag{9-5}$$

式中，t_{TD} 为频率越过频率阈值 f_{T} 的时刻；t_{c} 为系统频率受扰的参考时刻。

扰动传播速度（$v(l)$）为空间坐标 l 的函数，在一维空间的等效形式为 $v(l)=\mathrm{d}l/\mathrm{d}t$。将其引申至 x-y 二维空间平面坐标系，利用导数定理，扰动传播路径 s 上横坐标 x、纵坐标 y 处的扰动传播速度表达式为

$$v(x,y)=\frac{\mathrm{d}s}{\mathrm{d}t}=\frac{1}{\lim\limits_{\Delta s\to 0}(\Delta t/\Delta s)} \tag{9-6}$$

式中，Δs 和 Δt 分别为沿扰动传播方向的距离增量和时间增量。

扰动延迟时间 t_{TOD} 是随空间经纬度坐标改变而变化的函数，即 $t_{\mathrm{TOD}}(X,Y)$。机电扰动沿路径 s 传播时，距离增量 Δs 对应扰动延迟时间增量 Δt_{TOD}，因此梯度在二维空间分解为

$$\begin{aligned}\vec{v}(X_i,Y_j)&=\frac{1}{\lim\limits_{\Delta s\to 0}(\Delta t_{\mathrm{TOD}}/\Delta s)}=\frac{1}{\mathrm{d}t_{\mathrm{TOD}}(X_i,Y_j)/\mathrm{d}\vec{s}}\\&=\frac{1}{\sqrt{\left(\dfrac{\mathrm{d}t_{\mathrm{TOD}}(X_i,Y_j)}{\mathrm{d}\vec{s}_x}\right)^2+\left(\dfrac{\mathrm{d}t_{\mathrm{TOD}}(X_i,Y_j)}{\mathrm{d}\vec{s}_y}\right)^2}}\end{aligned} \tag{9-7}$$

（2）节点虚拟惯量分布特征辨识。节点虚拟惯量分布特性是引起机电扰动在电网内传播速度发生改变的主要因素，假设在扰动瞬间发电机角频率和电压幅值

不突变，线路阻抗角和线路阻抗为恒定常数，节点虚拟惯量 h 可以定义为以机电扰动传播速度 v 为变量的函数：

$$h=\frac{\omega U^2\sin\theta}{2|\vec{v}|^2|z|}=f(\vec{v}) \tag{9-8}$$

机电扰动传播速度 v 可直接由该点扰动延迟时间的梯度的倒数表示，直接由各点扰动延迟时间在空间坐标下单位长度的增量求解电网各位置的惯量分布：

$$h_{x,y}=f\left[\frac{1}{\sqrt{\left(\frac{\mathrm{d}t_{\mathrm{TOD}}(X_i,Y_j)}{\mathrm{d}\vec{s}_x}\right)^2+\left(\frac{\mathrm{d}t_{\mathrm{TOD}}(X_i,Y_j)}{\mathrm{d}\vec{s}_y}\right)^2}}\right] \tag{9-9}$$

9.3 算例分析

（1）IEEE39 节点系统惯量分布计算。采用 DIgSILENT/Power-Factory 软件搭建 IEEE39 节点系统进行仿真分析。虚拟惯量分布受各区域之间实际距离的影响。假定传输线路线型相同，单位阻抗大小为 0.3Ω/km。将 IEEE39 节点系统拓扑结构映射至 x-y 二维平面，根据传输线路的实际长度进行调整，在二维空间平面进行惯量空间分布的计算及可视化处理，最终获得如图 9-1 所示的 IEEE39 节点系统的惯量分布图。

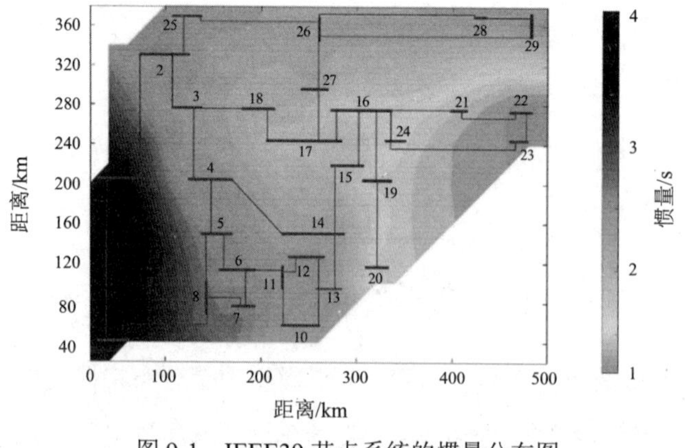

图 9-1 IEEE39 节点系统的惯量分布图

从图 9-1 中可看出，IEEE39 节点系统电网虚拟惯量从左至右呈现逐渐减小的分布规律。在 1000MV·A 的基准下，母线 1 和母线 9 所在区域的虚拟惯量 h 位于 3.0～4.5s 之间，为电网中抗干扰能力最强的区域；母线 22 和母线 23 所在的右侧区域惯量小于 1.0s，是电网稳定薄弱环节。

计算 IEEE39 节点系统中各发电机的惯性时间常数，结果见表 9-1。对比该表与图 9-1 可看出，发电机等效惯量对节点虚拟惯量起到了决定性的作用，在系统基准容量下，相比于左侧发电机组 G1、G10，右侧发电机组 G5、G7 的等效惯量较小，因此系统虚拟惯量分布也呈现左大右小的趋势。同时，电网整体惯量虽然由发电机等效惯量所决定，但其并非在空间上均匀分布。大惯量、高容量发电机对接入点附近虚拟惯量支撑能力较强，抗频率扰动能力强；小惯量、低容量发电机对接入点附近虚拟惯量支撑能力较弱。

表 9-1　各发电机惯性时间常数

发电机	惯性时间常数/s	接入母线	发电机	惯性时间常数/s	接入母线
G1	50	1	G6	2.48	22
G2	3.03	6	G7	2.43	23
G3	3.58	10	G8	2.64	25
G4	2.86	19	G9	3.45	29
G5	2.60	20	G10	4.20	2

（2）考虑新能源 VSC-MTDC 接入后 IEEE39 节点系统虚拟惯量分布。为进一步研究电力电子装置接入对传统电力系统的影响，在 IEEE39 节点系统中加入 VSC-MTDC 输电系统，如图 9-2 所示。

500MW 的 DFIG 风电场（5MW/台）经由风电场侧换流站（Wind Farm Side Voltage Source Converter，WFVSC）和 4 个陆地换流站（Grid Side Voltage Source Converter，GSVSC）接入电网 4 条不同的母线。VSC-MTDC 输电系统向电网输入 600MW 的有功功率。GSVSC 在初始状态下采用传统下垂控制。接入位置为系统中惯量较大的母线组（BUS2、BUS5、BUS7、BUS8 分别对应图 9-2 中的标号 2、5、7、8），如图 9-2 所示。

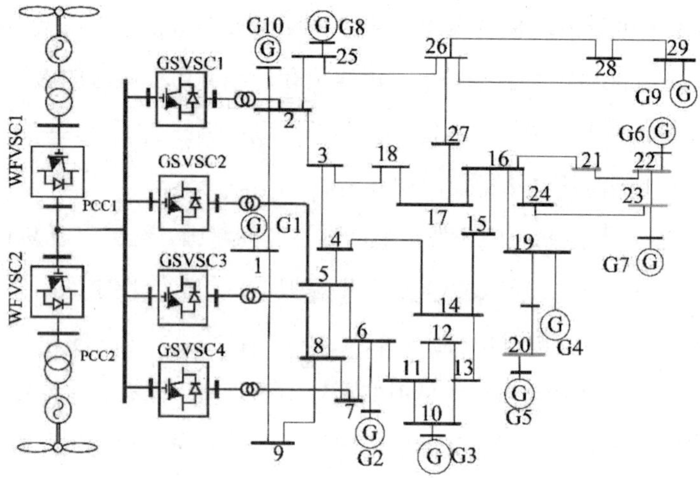

图 9-2 含 MTDC 的 IEEE39 节点系统

VSC-MTDC 输电系统接入后，电网虚拟惯量分布如图 9-3 所示。对比图 9-3 与图 9-1 可看出，VSC-MTDC 输电系统的接入改变了电网惯量分布特征，在 BUS2、BUS5、BUS7、BUS7 母线附近的虚拟惯量明显大幅下降，系统各区域的虚拟惯量也因此有所降低。

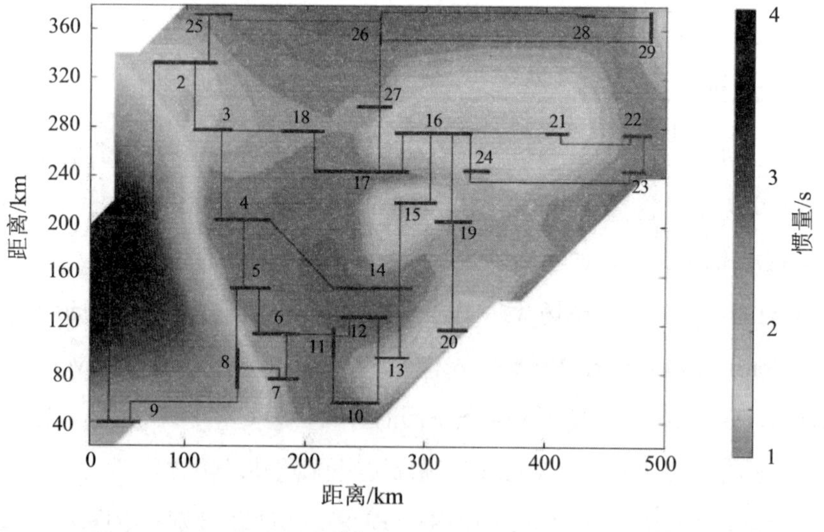

图 9-3 含 VSC-MTDC 输电系统的 IEEE39 节点系统惯量分布

本节所述方法通过电网各节点的频率数据特征，确定电网关键位置的扰动延迟时间和机电扰动传播速度，由惯量和速度之间的映射关系对电网虚拟惯量分布进行评估，可对电网虚拟惯量分布进行辨识，定量评估电网不同区域的频率稳定性，虚拟惯量分布评估结果可为电网规划、运行提供参考。

9.4 基于湖南电网 WAMS 量测数据的虚拟惯量分布辨识

基于前述方法，采用湖南电网实际 WAMS 数据中 2018 年某一次电网运行负荷投切扰动计算其机电波在全网 500kV 节点的数据，对湖南电网的虚拟惯量分布进行辨识。该次扰动在电网不同 PMU 节点实测曲线如图 9-4 所示。

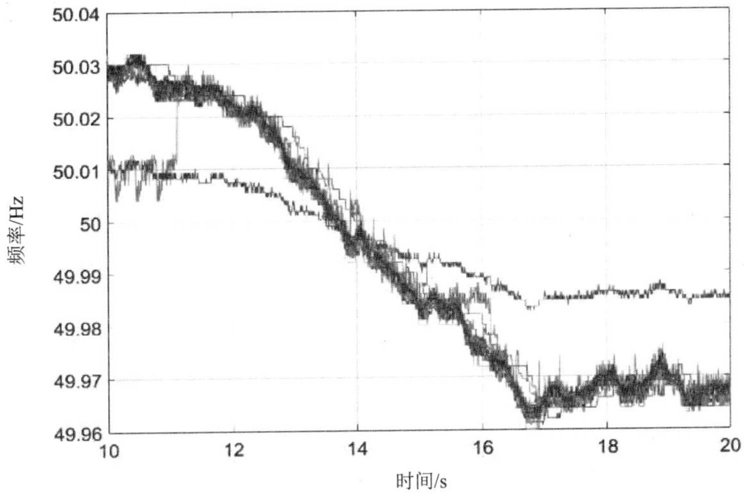

图 9-4 电网 PMU 实测频率变化曲线

根据图 9-4 中的频率变化情况可知，电网在 12s 开始出现频率下跌，此时电网频率的波动范围为 50±0.04Hz，视在功率基准值为 1000MV·A。

计算得到湖南电网惯量分布图如图 9-5 所示。由辨识结果可知，湖南电网湘东主网频率稳定性较高，湘南区域的惯性相对较小，频率稳定性较低。

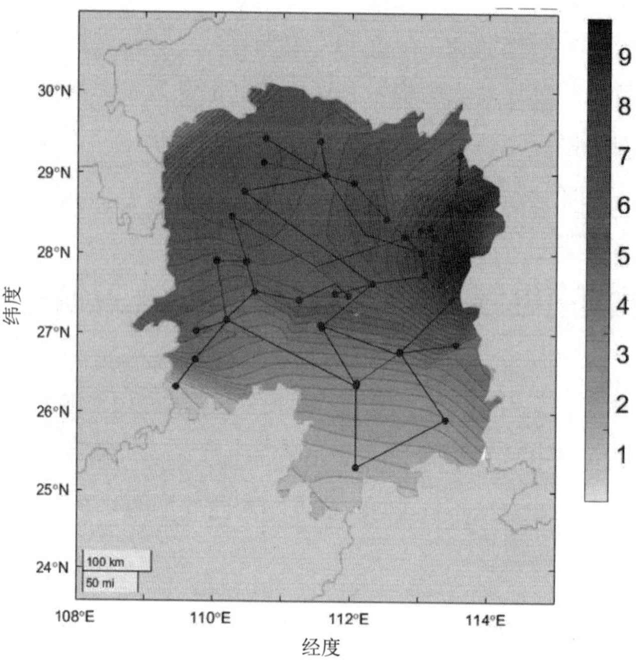

图 9-5 湖南省电网惯量分布图

如仿真算例中所述，直流馈入会导致系统接入点位置等效惯量降低。若 HVDC 落在湘东区域，则无需对系统频率稳定性进行增强；若 HVDC 落在湘南区域，将进一步降低湘南电网的频率稳定性，有可能造成故障下的频率失稳。

因此，当新建 HVDC 落点选取在湘南地区时，需要考虑通过网架建设加强该区域的频率稳定性。

9.5 基于区域整体等效惯量的网架增强评估

在对电力系统薄弱区域进行网架调整后，通过计算增设前后电网区域整体等效惯量的变化，能够有效评估网架调整对区域频率稳定性的影响。考虑典型案例（如上节所述），HVDC 若落于湘南区域，则需要对湘南电网进行网架增强以提升其频率稳定性。

在 PowerFactory 中对现有 220kV 湖南省电网系统进行仿真，计算获得系统整体惯量。假定在当前网架基础上增设一条线路，对湘南电网有如下 6 条线路建设备选：（S1）郴州东－湘南换；（S2）永州西－衡阳南；（S3）永州西－湘南换；（S4）湘南换－邵阳东；（S5）衡阳南－郴州东；（S6）永州西－苏耽。

进行不同线路的增设后，得到的湘南电网区域惯量变化情况如表 9-2 所列。

表 9-2 湘南电网增设线路前后惯量变化情况

增设线路前后	区域惯量	增设线路前后	区域惯量
增设前	73.13	增设前	73.13
S1 增设后	85.86	S4 增设后	85.18
S2 增设后	81.98	S5 增设后	75.61
S3 增设后	76.34	S6 增设后	81.99

从表 9-2 中可以看出，对湘南区域若仅新建一条 500kV 线路，则对其频率稳定性提升最大的线路为郴州东－湘南换，该线路建设后，系统区域等效惯量从 73.13 提升至 85.86，极大程度地提升了湘南区域的频率稳定性；其次，对系统频率稳定性提升较大的线路为湘南换－邵阳东；而建设永州西－湘南换、衡阳南－郴州东的线路对系统频率稳定性的提升不大。

9.6 小结

考虑到 HVDC 接入将降低电网频率稳定性，本章提出了惯量及虚拟惯量分布这一电网频率稳定性指标，对 HVDC 受端网架频率稳定性进行评估衡量。通过虚拟惯量分布这一指标，可以直观了解电网薄弱区域，从而有针对性地进行网架增强；通过整体惯量，可以评估增设线路对于网架频率稳定性的提升程度。

参考文献

[1] 罗剑波，陈永华，刘强．大规模间歇性新能源并网控制技术综述[J]．电力系统保护与控制，2014，42（22）：140-146.

[2] 武倩羽，周莹坤，李晨阳，等．新能源同步机并网系统惯性特性的理论和

实验研究[J]．大电机技术，2019（6）：41-46.

[3] 曾辉，孙峰，李铁，等．澳大利亚“9 • 28”大停电事故分析及对中国启示[J].电力系统自动化，2017，41（13）：1-6.

[4] 曾繁宏，张俊勃．电力系统惯性的时空特性及分析方法[J]．中国电机工程学报，2020，40（1）：50-58.

[5] 王德林，王晓茹，梅生伟．不均匀连续体电力系统中的机电波传播[J]．中国电机工程学报，2010，30（34）：78-85.

[6] TSAI S J, ZHANG L, PHADKE A G, et al. Frequency sensitivity and electromechanical propagation simulation study in large power systems[J]. IEEE Transactions on Circuits and Systems I: Regular Papers, 2007, 54(8): 1819-1828.

[7] YOU S T, LIU Y, TILL M J, et al. Disturbance location determination based on electromechanical wave propagation in FNET/GridEye: A distribution-level wide-area measurement system[J]. IET Generation Transmission & Distribution, 2017, 11(18): 4436-4443.

[8] ARIFF M A M, PAL B C,SINGH A K. Estimating dynamic model parameters for adaptive protection and control in power system[J]. IEEE Transactions on Power Systems, 2015, 30(2): 829-839.